Erscheinungsjahr 2018
1. Auflage
Copyright Stephan Heiler und Gebhard Borck
www.heiler-glas.de
www.gebhardborck.de

Umschlaggestaltung: Extract Design
Coverfoto: Shutterstock.com
Fotos: Franziska Köppe, Chris Kreymborg
Layout: Extract Design
Satz: Bettina Wahl
Verlag: Heiler&Borck
Druck: Druckhaus Müller, Langenargen
Printed in Germany

ISBN: 978-3-947572-14-4

Chef sein?

Heiler&Borck

CHEF SEIN?
LIEBER WAS BEWEGEN!
WARUM WIR KEINE FÜHRUNGSKRÄFTE
MEHR BRAUCHEN

Inhalt

VERLORENE

NÄHE

Sie treffen sich auf einem Waldparkplatz. Ziemlich willkürlich irgendwo in der Mitte zwischen ihren jeweiligen Büros. Hier beginnt das erste Sparring. In legerer Kleidung und mit Wanderschuhen begrüßt Gebhard Borck seinen Kunden Stephan Heiler.

Wohin soll's denn gehen?

Stephan stutzt:

Ich dachte, du weißt das?

Sein Gegenüber lächelt, während sich vereinzelte Sonnenstrahlen den Weg in den Morgen bahnen:

Ich kenne hier nichts. Wollen wir einfach mal draufloslaufen?

Achselzuckend schließt Stephan das Auto ab, sie schieben beide Rucksäcke auf ihre Schultern und stapfen los. Zum Waldrand hin endet die Schotterfläche des Parkplatzes in einem vorbeiführenden Wanderweg. Als Gebhard seine Schritte verzögert, führt Stephan sie nach links.
Der Tag startet mit erfreulich gutem Wetter. Auf ihrem unbekannten Weg durch den Wald steigen sie in die verschiedenen Themen der Firma ein. Stephan spricht ein derzeit heikles Thema an:

Wir überlegen, für unsere Außendienstler einen GPS-Tracker im Auto zu installieren. Sie wählen dann per Knopfdruck zwischen Dienst- und Privatfahrt. Und es ist einfach transparenter.

Gebhard hakt ein.

Transparent für wen?

Stephan versteht die Frage nicht. Er antwortet verwirrt:

Na, für uns alle!

Gebhard bohrt nach:

Wer ist ALLE?

Stephan merkt so langsam, wohin die Reise geht.

Für die Geschäftsleitung inklusive der Prokuristen und Bereichsleiter.

Gebhard schmunzelt jetzt.

Und die Betroffenen?

Stephan bleibt stehen. Er schaut den Berater an.

Die würden sich doch gegenseitig zerfleischen, wenn sie das voneinander wüssten. Den Streit kann ich mir jetzt schon ausmalen.

Gebhard fasst ernst zusammen:

Also keine Transparenz, sondern Kontrolle durch die Führung, die mehr weiß als andere.

Stephan denkt nach und nickt dann.

Also du sagst, das ist alles andere als Transparenz. Dann hab ich eine andere Frage. Wie schaut es mit Finanzzahlen aus? Mit Kontrolle an sich? Wie können wir noch sinnvoll entscheiden, wenn für jeden alles offenliegt? Ich seh da nur Probleme. Der Ärger ist doch vorprogrammiert. Wie soll das gehen?

So vielfältig die Inhalte, so abwechslungsreich ist der Weg. Steile Anstiege in dichten Hohlpfaden. Von den vorangegangenen Regentagen ausgewaschene rutschige Wildwege. Lichtungen, die sich in Ackerland hinein öffnen. Im Wind wiegende Bäume spielen Licht und Schatten auf ihre Strecke. Das Gespräch beansprucht so viel Aufmerksamkeit, dass sie bald ihren Standort und die Himmelsrichtungen vergessen. Die Stunden verfliegen schnell und auf einmal geben die Mägen Signale, dass es Zeit ist, die Orientierungslosigkeit zu beenden. Die mitgebrachten Müsliriegel und Früchte weilen längst in der Verdauung. Die Wasserflasche kommt kaum noch auf ein Drittel des Startgewichts.

Zeit, herauszufinden, wo man ist! Smartphones mit Navi gibt es noch keine. Dieser Mangel führt sie zuerst aus dem Wald heraus. Am Feldrand angekommen, entdecken sie in der Ferne Weinreben. Sie erinnern an den Hang neben dem Parkplatz, der als Weinberg anstieg. Entschiedenen Schrittes folgen sie dem Waldrand in Richtung des Kamms. Beide ringen weiter um gegenseitiges Verstehen. Stephan erläutert ein Beispiel aus dem Firmenalltag nach dem anderen. Gebhard greift sie auf und bietet Lösungen an. Vieles klingt in Stephans Ohren so reizvoll wie unwirklich. Verschiedenes zu schön, um wahr zu sein. Einiges unglaubwürdig. In ihm reift dennoch die Überzeugung, dass er die Firma in diese Richtung entwickeln will. Doch jetzt erst mal gut essen und dann die weiteren Schritte vereinbaren.

In der Nähe des Parkplatzes kennt er ein gutes Restaurant. Inmitten der Vorfreude zeigt Gebhard in den Himmel. Vor ihnen türmen sich dunkle Gewitterwolken. Ein kühler Wind scheint mit amüsiertem Schmunzeln die Botschaft zu geben, dass die beiden nicht mehr trockenen Fußes zum Mittagstisch kommen. Sie sprechen sich gegenseitig Mut zu und beschleunigen, da fallen die ersten dicken Tropfen. Alle Hoffnung verpufft, als ein Donner bedrohlich nah über ihren Köpfen poltert. Sie schauen sich nach einem geeigneten Unterschlupf um. In knapp fünfzig Metern lehnt sich ein Jägerstand zwischen mehrere Tannen, der Sicherheit vor Blitzeinschlägen verspricht.

Sekunden später, bei bereits gießendem Platzregen, klettern Kunde und Berater die rutschigen Sprossen zur winzigen überdachten

Plattform hinauf. Leider besteht das Dach nur aus grob nebeneinandergezimmerten Latten. Die dazwischen offenen Spalte bieten ausreichend Platz für die herabfallenden Wassermassen. Dort findet Gebhard im Rucksack noch eine Regenjacke vom letzten Familienausflug. Beide kauern sich in der inzwischen empfindlichen Kälte zusammen und spannen die Jacke wie eine Zeltplane über sich. Lachend kommen sie zur Erkenntnis: Wer hätte gedacht, dass ein erstes Sparring zu so viel körperlicher Intimität führen kann ...! Sie harren aus in der Hoffnung, dass der Sturm so schnell endet, wie er begann. Genug Zeit, sich vorzustellen, wie Zusammenarbeit aussieht, in der alle miteinander für ihre Firma etwas erreichen. Und zwar ohne aufbrausend mächtige Vorschriftenmacher, deren Rechtfertigung ein Papier ist, das sie den Übrigen vor(an) setzt. Doch schon bald kehrt die Sonne zurück und sie essen zusammen im Biergarten des Restaurants zu Mittag. Danach noch eine entspannte Runde durch die Nachbarschaft. Mit der Enge des Gewitters kommt eine neue Nähe in ihren Austausch. Anstatt weiterhin Gebhards Thesen abzuklopfen, will Stephan sie nun auf jeden Fall ausprobieren. Jetzt gilt es herauszufinden, wie die Firma die erkannten Möglichkeiten nutzt. Wieder am Parkplatz angekommen, bemerkt Stephan zum Abschied:

Es wäre doch toll, wir bekommen das hin.

Gebhard erwidert:

Na ja, es ist ein wenig mehr, als nur etwas hinzubekommen. Es bedeutet, Arbeiten von Grund auf neu zu verstehen und anders umzusetzen. Wenn es klappt, wandelt sich die Welt.

Beim Wegdrehen, um zu seinem Auto zu kommen, lächelt Stephan verschmitzt.

Dann lass uns die Welt verändern!

I
WOHIN
SOLL'S DENN
GEHEN?

FALSCH INVESTIERT

Stephan sitzt mit seinem Freund Christian im Café am Schlossgarten. Er hat entschieden, sein Lehramtsstudium hinzuschmeißen. Christian will es noch nicht akzeptieren.

Aber du wolltest doch Lehrer sein. Kindern und Jugendlichen wirklich was beibringen. Solche Typen wie dich brauchen wir. Es gibt schon genug gleichgültige Pädagogen. Wie kommst du jetzt auf die Idee, das alles sein zu lassen?

Stephan zuckt ein wenig verlegen mit den Schultern.

Ich hab mit ein paar Referendaren und den Professoren geredet. Die sagen, dass es meine Vorstellungen schwer haben im Schulsystem. Da muss ich gegen ganze Armeen von Windmühlen ankämpfen. Tatsächlich ist es ein ganz schön enges Korsett, in das man da reingeht. Ich nahm halt an, ich hab Freiräume.

Sein Freund lehnt sich auf den Tisch.

Und jetzt gehst du zurück in die Firma deines Vaters? Was bringt denn das?

Stephan schaut ihn direkt an.

Na ja, dort kann ich wenigstens gestalten. Ich habe dort ja schon einiges gemacht. Wenn ich mich da voll reinhänge, dann kann ich vielleicht das Marketing übernehmen. Die Firma ist in den letzten Jahren stark gewachsen und ich will für den weiteren Erfolg meinen Beitrag leisten. Ich kann da ziemlich schnell mein eigener Chef sein. Das ist viel spannender als der ganze Kultusministeriumsquatsch.

· · · · · · ·

Stephan entschied sich bewusst dafür, in der Firma seinem Vater nachzufolgen. Sein Wunsch? Er wollte was bewegen. Wer kann mehr gestalten als ein Geschäftsführer?

ABGELEHNT

Gebhard war ungefähr zur gleichen Zeit froh, dass er – anders als die meisten seiner Freunde – planlos war. Sein Berufsleben verlief nach anderen Vorzeichen. Anstatt zu wissen, wohin, war ihm schon früh klar, was er auf keinen Fall wollte. Es fing an, als er mit sechzehn den ersten ernst zu nehmenden Ferienjob hatte. Bis dahin war er Zeitungsbote gewesen. Jetzt gab es richtig Geld. Für drei Wochen Arbeit über tausend Mark.

· · · · · · ·

Gebhard sitzt an der Maschine. Er legt runde Metallfolien auf den Hals kleiner Keramikfläschchen. Sie reihen sich langsam auf einer Drehscheibe vor ihm auf. Vor dem kreisenden Teller wird ein graues Pulver eingefüllt, danach wartet eine Schweißstation, um die Öffnung lebensmittelecht zu schließen. Dann noch den Deckel draufschrauben und ab in den Karton. Die Fließgeschwindigkeit erlaubt dem Ferienarbeiter, nebenher ein Buch zu lesen. Von jetzt auf nachher steht die ganze Anlage still. Eine Kollegin zuckt hoch, als alle Geräusche verstummen.

Was ist los? Was hast du gemacht?

Gebhard blickt vom Buch hoch. Er hebt die Schultern.

Nichts ... keine Ahnung ...

Die Kollegin unterbricht ihn wütend.

Man kann bei der Arbeit kein Buch lesen! Das war ja klar, dass da so was dabei rauskommt!

Gebhard drückt derweil den Notausschalter und danach den Startknopf. Nichts rührt sich. Die Kollegin zischt ihn an.

Lass das. Du machst nur noch mehr kaputt.

Gebhard schaut sie an.

Vielleicht sehen wir ja, was falsch läuft, wenn wir die Maschine öffnen?

Sie zerrt ihn von seinem Platz weg.

Du machst gar nichts mehr. Du wartest hier, bis jemand kommt, der sich auskennt.

Zuerst schaut der Bereichsleiter vorbei. Er ist sauer. Ein Produktionsstillstand ist das Letzte, was er gebrauchen kann. Allerdings kennt er sich ebenso wenig mit der Maschine aus. Sie steht weiter. Stunden später findet sich der Abteilungsleiter. Er öffnet den Maschinendeckel, schiebt einen Keilriemen zurück auf die Antriebswelle. Er drückt den Startknopf. Die Anlage ruckelt wieder los. Beim Hinausgehen meint er lapidar:

Das passiert bei der Maschine zurzeit öfter. Die Wartung ist schon beauftragt. Nächstes Mal einfach reinschauen ... Ihr habt es ja jetzt gesehen.

· · · · · · ·

Zunächst übersieht Gebhard die Anfeindungen der Kollegen. Er ist zufrieden. Hatte er doch eine gute Idee zur Lösung gehabt. Drei Wochen später ist es ihm egal. Die Kollegen drangsalieren ihn die komplette Zeit der Ferienarbeit, weil er offensichtlich vorlaut und arrogant ist. Wer kommt schon darauf, bei der Arbeit ein Buch zu lesen und dann auch noch eigene Vorschläge zu entwickeln, wie man einem Problem Herr wird? Das passt nicht ins gängige Schema des Hilfsarbeiters. Dem schwächsten Glied in der Kette. Die fest angestellte Putzfrau ist noch höher im Rang als ein sechzehnjähriger Jobber.

Damals war ihm keineswegs klar, was er einmal werden wollte. Er wusste allerdings seit diesem Erlebnis, dass er lernen würde, bis er aus der Gefahr heraus war, als Arbeiter zu enden. Es folgten zwölf Jahre mit Jobs und Hilfsarbeiten, die ihm zuerst ein lockeres Schülerleben und später sein Studium bezahlten. Es waren keineswegs die „einfachen" Tätigkeiten, die er ablehnte. Es war die Willkür der Kollegen und Vorgesetzten, die ihn als untergeben behandelten.

An der Hochschule erfuhr er, dass diese Willkür auf einem Papier fußt, das sich Weisungsbefugnis nennt. Scheinbar natürlich führt sie zu der Hackordnung, in der wir nach oben buckeln und nach unten treten. Im gleichen Zug gaukelt sie den niederen Rängen vor, dass die da oben alle Freiheiten haben. Mit dem Abschluss in der Tasche begriff er recht schnell, wie falsch diese übliche Vorstellung der Sachbearbeiter und Werker war.

Auf eigene Faust

Schon seine erste und einzig ernsthafte Anstellung im Anschluss an das Studium zeigte ihm die eigenen Grenzen. Er analysierte als Assistent die Wirtschaftlichkeit seines Arbeitgebers. Das Ergebnis war alarmierend. Die Firma verlor Boden im Verkauf gegenüber dem Wettbewerb. Auf der anderen Seite produzierte sie Aufwände durch einen umfassenden Technikbereich.

Er setzte sich mit der Geschäftsleitung zusammen und stellte die Resultate vor. Diese legten den Schluss nahe, dass eine große Chance darin lag, die hauseigenen Werkstätten für Konkurrenten zu öffnen. So würde aus einem reinen Kostenfaktor ein Ertragsbringer.

· · · · · · ·

Der Eigentümer freute sich über die fundierte Auswertung und erklärte ihm:

Herr Borck, wirklich gute Arbeit. Allerdings ist das noch immer meine Firma. Ich entscheide, was für sie gut ist und was nicht. Wenn Sie diese Freiheit auch wollen, gründen Sie vielleicht einmal ein eigenes Unternehmen.

· · · · · · ·

Das Gespräch schloss die Analysetätigkeit ab. Gebhard durfte sich wieder seinen alltäglichen Aufgaben widmen. Er erkannte, dass er auf keinen Fall Angestellter bleiben wollte. Knapp vier Monate später machte er sich selbstständig.

Wie erging es derweil Stephan mit der Idee, als Juniorchef etwas zu gestalten? Sehr gut! Er durchlief die Ausbildung im eigenen Unternehmen. Dort entwickelte sich gerade das Geschäft mit Wiederverkäufern. Anstatt nur für private Haushalte da zu sein, begann die Firma, Installationsbetriebe und Badstudios systematisch anzusprechen. Man strebte eine langfristige Zusammenarbeit an. Das war gut für beide Seiten. Die Partner hatten Kontakt zu vielen Endkunden, die jetzt einen Spezialisten für maßgeschneiderte Glasduschabtrennungen bekamen. Heiler wuchs schneller, als es durch die eigene Akquise von Privatkunden möglich gewesen wäre. Man schwamm im Markt mit. Diese Ausrichtung auf die Kooperation mit anderen Firmen verlangte nach gezieltem Markenaufbau und Marketing. Ein perfektes Aufgabengebiet für den Junior. Stephan hatte viel Spaß als Marketingleiter.

Stephan
Ich verbringe die Zeit gerne im Unternehmen. Ich bewege etwas. Dabei bilde ich mich stetig weiter und lerne neues Handwerkszeug für Marketing und Vertrieb kennen. Ich habe in Seminaren Antworten auf Fragen bekommen wie: Wie definiere ich Kundensegmente? Wie entwickelt sich ein Markt – von den Pionieren bis zur Konsolidierung? Woher bekommt man Wettbewerbsanalysen? Was muss ich bei der Preisbildung beachten? Was ist ein Produktlebens-

zyklus? Und so weiter. Ich habe keine Mitarbeiter, keinerlei Weisungsbefugnis und dergleichen. Ich bin mein eigener Herr, ohne zu viel Druck. Klar gibt es viel zu tun. Ich muss auch Zahlen einhalten. Vorgaben für das Marketingbudget. Umsatzziele der Firma, die ich mit meinen Maßnahmen voranbringe. So was eben.

Stephan fühlte sich anfangs in seiner Rolle als Marketingleiter sehr wohl. Mit dem damaligen Prokuristen und Vertriebsleiter gab es wenig Berührungspunkte. Ein stärkerer Marktdruck erforderte dann eine Neubesetzung der Vertriebsleitung. Mit dem neuen Vertriebsleiter entwickelte sich eine intensive Zusammenarbeit. Es wurden Marktanalysen gemeinsam erarbeitet, Produktentwicklungen realisiert, Marketingmaßnahmen entwickelt und durchgeführt. Diese Art der Zusammenarbeit war neu bei Heiler. Fachlich konnte Stephan hier einiges lernen. Allerdings entstanden auch starke Konflikte. Der Umgang mit unterstellten Mitarbeitern war stark von Hierarchie geprägt und passte so gar nicht zu Stephans Verständnis von Zusammenarbeit auf Augenhöhe und gegenseitigem Respekt. Die Konflikte erschienen nicht lösbar und folgerichtig kam es zur Trennung. Stephan war damals an den Vertriebsthemen und -mitarbeitern am nächsten dran und übernahm die Leitung des Vertriebs zusätzlich zu den Marketingaufgaben.

Stephan

Allerdings ist die lockere Zeit jetzt beendet. Der Vertriebsleiter ist weg. Ich bin also seit ein paar Wochen so richtig in der Geschäftsleitung. Ich übernehme seinen Job. Meinen behalte ich natürlich. Jetzt bin ich für die Ergebnisse allein verantwortlich. Ich bekomme auch von heute auf morgen Untergebene. Mein Vorgänger regierte sie mit eiserner Hand. Zielvorgaben, Prämiensysteme, Leistungskontrolle, beispielsweise über Besuchsberichte. Die ganze Firma scheint für ihn nur aus dem Außendienst zu bestehen. Was der Rest des Betriebs macht, spielt eine untergeordnete Rolle. Eine seiner cha-

rakteristischen Aussagen war: „Ich brauche Soldaten da draußen, keine Mitdenker. Die Truppe muss funktionieren."
Bei mir löste das große Widerstände aus. Wie steht es mit den Themen Gerechtigkeit oder Ethik? Emotional ist mir so ein Verhalten komplett fremd. Trotzdem muss ich die Vertriebsaufgaben aber erledigen. Und zwar so gut wie möglich. Nur – wie mache ich das?

> > > > >

Stephan erkennt schnell, dass er einen eigenen Weg zu führen finden muss. Dennoch kann er die Art seines Vorgängers nicht einfach wegwischen. Schon nach ein paar Monaten in der neuen Funktion reflektiert er:

> > > > >

Stephan

Ich erlebe jetzt die äußeren Zwänge. Ich habe mich im System meines Vorgängers zurechtzufinden. Die Mitarbeiter wollen wahrgenommen werden. Dazu gehören neuerdings zehn bis fünfzehn Reisen mit Außendienstlern pro Jahr. Zwei- bis dreimal im Monat bin ich also weg von zu Hause. Zunehmend braucht die Firma meine Aufmerksamkeit auch am Wochenende. Von wegen, höhere Positionen bringen mehr Freiheit und Gestaltungsraum. Mit der höheren Verantwortung werden die Rahmenbedingungen immer enger. Ich arbeite gern. Ich mag unseren Betrieb. Meine Frau und die Kinder zeigen Verständnis. Prickelnd finden sie es natürlich nicht.
Mir selbst missfällt die Art und Weise, wie wir im Vertrieb arbeiten. Ich weiß ja, dass ich auch irgendwann die Nachfolge antrete. Also mache ich mich auf die Suche nach einem eigenen Weg. Mit Selbstbestimmung und Gestaltungsfreiheit für mich hat es trotzdem nichts zu tun. Ich bin im Hamsterrad angekommen. Wenn ich mal ein wenig Frust ablassen will, erhalte ich schnell die Antwort: „Na ja, du verdienst ja jetzt auch ein Geschäftsführergehalt." Dann ist die Unterhaltung bereits wieder zu Ende.

> > > > >

Gebhard erlebte kaum Besseres. Er machte sein eigenes Geschäft auf mit einem Angebot zur Garantieabwicklung für Baumaschinen amerikanischer Hersteller in Deutschland. Im frischen Anlauf zur Selbstständigkeit stellte er, von seiner Idee begeistert, völlig selbstbestimmt sofort Mitarbeiter ein. Die ersten drei Monate liefen planmäßig vielversprechend. Der Gesetzgeber blies Wind unter seine Flügel, indem er die Gewährleistungsfrist auf zwei Jahre anhob. Bis alle Verträge mit den Produzenten aus Übersee unter Dach und Fach sein sollten, verkauften seine Mitarbeiter also gebrauchte Maschinen.

Dann brach die Einkommensquelle ab. Denn die Anbieter stellten fest, dass ihr Absatz für Neugeräte stagnierte. Als Sofortmaßnahme senkten sie den Preis der neuen Geräte auf den von drei Jahre alten. So versiegten die Einnahmen für den Geschäftsaufbau von Gebhard praktisch von einem Tag auf den anderen. Die Verhandlungen für die Garantieabwicklung mit den US-Produzenten liefen zwar noch, doch seine Firma hatte keine Mittel mehr, um sie fortzuführen. Ein halbes Jahr nach Gründung hatte er sich mit den Mitarbeitern gütlich geeinigt und durch die Lohn- und Sozialversicherungszahlungen einen Berg Schulden angehäuft. So lernte er schnell, dass mehr Verantwortung keineswegs wie von selbst zu größerer Freiheit führt.

ENDLICH CHEF

Schon damals erkannten wir, Stephan Heiler und Gebhard Borck, Strukturen, die sich wiederholen. Muster von Frustration und manchmal fast Verzweiflung bei den Menschen über die scheinbar vorherbestimmten Gesetze unserer Arbeitswelt. Und wir sprechen hier nicht von Bandarbeitern, Werkern oder Anlernkräften. Uns geht es um die Führungsetage – unseresgleichen.

Wir beschlossen aus unseren frühen Erfahrungen: So wollen wir nicht arbeiten! Anderen vorschreiben, wie sie was zu machen haben. Ständig kontrollieren, ob es dann auch passiert. Und am Ende Erwachsene zu bestrafen, als wären sie Kinder. Das war keine Arbeitswelt, mit der wir unsere kostbare Lebenszeit verbringen wollten.

Wir vermuten, dass es Ihnen, liebe Leserin, lieber Leser, manchmal ganz ähnlich geht. Deshalb spielen in unserem Buch die Alternativen zu der oftmals als trostlos empfundenen Arbeit eine große Rolle. Allerdings wollten wir mehr, als ein paar Methoden aus dem Repertoire der gängigen Vorbilder wie Upstalsboom, Semco, dm oder Handelsbanken umzusetzen. Wir machten uns daran, unseren beruflichen Alltag konsequent anders zu leben. In allen Winkeln der Firma. In den folgenden Kapiteln wollen wir Ihnen davon erzählen, was uns begegnet ist. Von Strukturen, Menschen und Gewohnheiten.

Seien Sie unbesorgt, das ist kein Loblied auf das Schlaraffenland der Eigenverantwortlichkeit, in dem ständig nur Milch und Honig fließen. Vielmehr ist es das ehrlich reflektierte Tagebuch einer wilden Expedition. Wir begegnen Mitarbeitern, die Selbstverantwortung aus guten Gründen ablehnen. Wir lernen Führungskräfte kennen, die der Spagat zwischen menschlichem Anspruch und verlorener Macht fast zerreißt. Wir geraten in ausweglose Situationen, in denen uns scheinbar nur noch das Zurück zu Anweisung und Kontrolle bleibt. Wir verzweifeln zeitweise sogar schier an der Vielzahl der Tropfen, die den harten Stein der bestehenden Gewohnheiten aushöhlen sollen. Das alles unter herausfordernden Marktbedingungen, die sich immer dann verschärfen, wenn wir gerade Morgenluft wittern. Und nein, wir haben nie aufgegeben.

Doch lassen Sie uns am Beginn des Weges anfangen. Es gibt Menschen mit Tatendrang, nennen wir sie Aktivposten. Viele von ihnen treibt mehr an, als zu den Besten zu gehören. Sie wollen in der Welt etwas verbessern. Im Austausch mit ihrer Umwelt verstehen sie die

Zwänge der Macht: Wer in der überall anzutreffenden Hierarchie unten steht, verändert nichts. Er kann seiner Führung hin und wieder ein Schnippchen schlagen. Beispielsweise indem er einen Weg findet, unerkannt weniger als normal zu arbeiten. Den Strukturen ist das allerdings egal. Sie ertragen es teilnahmslos, wie die Kuh die Mücken.

Die Aktivposten stellen demgegenüber fest: Will ich was ändern, muss ich nach oben. Erst gilt es, an die Hebel der Macht zu kommen, dann können sie diese Hebel in die stimmige Richtung drücken. Kaum einer fragt sich, worauf sich die mit dieser Macht verbundene Autorität begründet. Sicherlich gibt es Menschen, die eine natürliche Führungskraft mitbringen. Für die weite Mehrheit steht die benötigte Befugnis schlicht auf einem Stück Papier. Es sagt, wer jemanden anweist und wer nicht.

Die Aktivposten denken also folgerichtig: Mein Name muss auf das Dokument. Sei es die Eintragung im Handelsregister, das Kästchen im Organigramm oder der Jobtitel auf der Visitenkarte. Wenn dort nicht Leiter, Prokurist, Vorstand und dergleichen gedruckt ist, kann ich kaum erwarten, etwas zu verbessern. Dann fehlt das Fundament.

In der Folge machen die Aktivposten Karriere. Freunde, Freizeit, Familie, das muss warten. Sie sind sich sicher, sie bezahlen alle Versäumnisse zurück, doppelt und dreifach, sobald sie oben angekommen sind. Ihr Erfolg gibt ihnen scheinbar recht. Mangel? Fehlanzeige! Das erste Haus zahlt sich nebenher. Die Kinder gehen auf die beste Schule. Für das passende Niveau sorgt die private Nachhilfe. Auch der Zweitwagen ist ein Oberklassemodell. Im Sommerurlaub geht's mit der ganzen Familie nach Übersee.

Wenn es die Leistungsträger so weit gebracht haben, gibt es die, für die es passt. Und es gibt die, die sich bei einem guten Glas auf einem pfälzischen Weingut daran erinnern, dass sie etwas besser machen wollten. Bei den Letztgenannten zeigen sich erste Risse im schönen Leben. Gebhard erinnert sich an ein Ge(h)spräch mit einem Karriereaussteiger.

Exit in die Orientierungslosigkeit

Anfangs konnte sich wohl niemand einen Reim auf das Wortspiel Ge(h)spräch machen. Aber seit die neue Webseite online ist, verstehen die Besucher, dass es darum geht, bei einer gemeinsamen Wanderung oder einem Spaziergang mit Gebhard über die eigenen Themen in der Arbeit zu sprechen. Und das Format findet zunehmend Anklang. Jörg ist einer der Ersten, die das Angebot nutzen. Er hat vor ein paar Wochen gekündigt. Jetzt sucht er Orientierung. Nach einem Rundgang am Fluss sitzen die beiden auf einer Dachterrasse und genießen die Frühlingssonne bei einem kalten Radler. Jörg fasst zusammen:

Ich hab richtig Gas gegeben. Vom Verkäufer über den Regionalzum Vertriebsleiter. Schließlich den internationalen Vertrieb der Anlagen gemacht. Regelmäßige Reisen nach USA. Dann kam das erste Kind.

Jörg zögert einen Moment, und dann fährt er mit ernsterer Miene fort:

Plötzlich gab es Momente, in denen ich unsicher wurde, ob das noch passte. Neulich boten sie mir den Aufstieg in die Geschäftsführung an. Anstatt mich zu freuen, gingen bei mir die Alarmglocken an.

Gebhard schaut ihn direkt an.

Das überrascht mich. Hast du nicht vorhin erzählt, dass du genau darauf hinarbeitest?

Jörg betrachtet verloren die Dächer der Stadt.

Ja. Das dachte ich zumindest. Mit dem Angebot kamen allerdings die Zweifel. Ich schaute mir die anderen Geschäftsführer an. Sie haben keine Freundschaften außerhalb der Arbeit mehr. Die füllt ihr ganzes Leben aus. Ihr Kalender wird von Kunden, Banken, Lieferanten, Präsentationsterminen usw. ausgebucht. In den wenigen Lücken finden Mitarbeitergespräche statt. Am Wochenende schaffen sie durch, sonst bleibt zu viel liegen. Ihre Familien müssen immer zurückstecken. Und wofür? Kürzlich erzählte einer lachend: Mein Sohn hat mich neulich gefragt, ob ich auch mal was arbeite oder nur den ganzen Tag telefoniere? Die anderen prusteten. Ich fand's traurig ...

Gebhard wartet ein paar Augenblicke, ob die Geschichte noch weitergeht. Dann fragt er das Offensichtliche.

Und was bedeutet das jetzt? Was sind deine Alternativen? Willst du aussteigen?

Jörg dreht den Kopf. Mit festem Blick begegnet er dem Berater.

Nein, eben nicht. Aber so kann es doch nicht enden. Vom Geld her alles haben, was man sich wünscht, und innerlich total leer sein. So emotional, verstehst du. Mir fällt auf, dass ich mich kaum noch über irgendwelche Kleinigkeiten freue. Christian, unser Sohn, stört meine Konzentration. Anstatt die Zeit mit ihm zu genießen, schließe ich mich weg, bevor ich ihn oder seine Mutter genervt anschreie. Liliane, meine Frau, klagt, dass sie mich zu selten sieht. Ich hab den Eindruck, mit der Karriere mein Leben weggeschmissen zu haben. Auf der anderen Seite gefällt mir der Lebensstandard. Ich bin ebenso wenig Hippie wie Aussteiger. Ich mag das Geld, das wir zur Verfügung haben. Wir wollen da nicht von runter.

Er schaut wieder über die Stadt, winkt ab und fährt fort:

Ich weiß schon, Luxusprobleme. Aber das macht es nicht besser. Also buche ich einen Berater dafür, dass er es sich anhört.

Er grinst leicht verbittert.

Du kannst nicht ausbüxen. Ist es nicht auch schon wieder irgendwie krank, dass ich jemanden dafür bezahle, dass er mir zuhört?

. . . .

Die Unterhaltung geht noch bis tief in den Nachmittag hinein weiter. Sie kommen überein, dass man sich für den Wunsch nach Wohlstand nicht schämen sollte. Allerdings stellt sich die Frage nach dem Preis für den gehobenen Lebensstandard. Jörg vergleicht es irgendwann mit einer Bank. Er erkennt nüchtern, dass er wenig anderes erwarten konnte.

Jahrelang hat er für Geld und Einfluss mit Überstunden und Wochenendeinsätzen einbezahlt. Er hat seinen Vorgesetzten gefallen und seine Familie in die zweite Reihe gestellt. Das sind die Spareinlagen seines Lebens. Dieses Konto kann kaum in sozialem Halt und emotionalem Wohlbefinden auszahlen. Es ist schlicht die falsche Währung. Ausbezahlt wird hier in materiellem Wohlstand, Alterssicherung inklusive.

Bestimmt gibt es Menschen, für die dieses Sparschema passt. Jörg gehört nicht dazu. Er wollte Macht, um die Welt für seine Kinder zu verbessern. Er startete mit der Vorstellung, sich von den Egozentrikern zu unterscheiden. Nach seinen großen Investitionen erkennt er, dass er sich im System geirrt hat.

Mit vielen anderen teilt er sich allerdings die Enttäuschung darüber, dass er keine Ahnung hat, was das bessere System wäre. Klar, ökologisch, nachhaltig und so weiter. Aber was bedeutet das für die Arbeit? Soll er seine Brötchen damit verdienen, auf einem Schiff vor der norwegischen Küste Walfänger aufzuhalten? Dann ist er genauso weg von Frau und Kind. Das wäre ein vergleichbares Muster von Übereinsatz und Selbstausbeutung. In diesem anderen Kontext halt für ein augenscheinlich höheres Ziel.

Jörg findet, dass das eine vergleichbar irrige gesellschaftliche Vision ist! Er findet, dass wir noch mehr brauchen als Auswege für Öko-aktivisten und Vergleichbares. Wo ist denn der Weg für die Normalos, die ein zufriedenes Leben verbringen wollen? Eines mit spießigem Vorgarten und ab und an nervigen Bilderbuchkindern? Gibt es das wirklich nur, indem man im abgekarteten Schema von Macht und Ausbeutung mitspielt?

Neues Spiel, Regeln unbekannt

Stephan stellte sich ganz ähnliche Fragen. Allerdings war seine Vorstellung von *etwas bewegen* von Beginn an klarer. Er sah auf den väterlichen Betrieb. Er kannte jeden Arbeitsplatz aus den unzähligen Ferienjobs, die er in der Firma gemacht hatte. Mit der Übernahme des Vertriebs wusste er bereits, der nächste Schritt war die Nachfolge. Er schaute seinem Vorgänger in der Position des Vertriebsleiters und auch den anderen Führungskräften zu, wie sie es angingen. Immer sah er gute Dinge. Trotzdem hatte er stets das Gefühl: Irgendwas läuft hier verdammt falsch. Also machte er sich auf, Alternativen zu finden.

Noch während der Ausbildung verbrachte er ein halbes Jahr in Kanada. Hier fand er grundsätzlich dasselbe System vor. Im Sommer 2007 besuchte er einen Kurs in der Management-School St. Gallen. Dort erfuhr er, dass man Führung wie ein Handwerk lernen konnte. Und, dass es nur sehr wenig mit dem zu tun hatte, was man in einem BWL-Studium lernte. Das gefiel ihm. Erstmals fing er an, über seinen eigenen Führungsstil nachzudenken. Allerdings wurde ihm da schon klar, er musste sich gut vorbereiten, wollte er nicht zum Spielball der gängigen Ellenbogen-Regeln werden.

Noch ein bisschen mehr Chef ...

Peter rief an, um Gebhard zum Geburtstag zu gratulieren. Sie kennen sich von einem Beratungsauftrag, der Jahre zurückliegt. Damals gingen sie gemeinsam durch einige heftige Krisen in einem Veränderungsprojekt. Heute verbindet sie eine Freundschaft. Schnell kommen sie auf Geschäftliches zu sprechen. Peter ist inzwischen in die Direktion eines mittelgroßen Familienkonzerns aufgestiegen. Er regt sich auf:

Ich hab das Bullshitbingo so satt. Der eine macht sich wichtiger als der andere. Dabei sitzen wir alle im selben Boot. Vor lauter Gockelei scheinen einige echt zu vergessen, dass es hier auch um Arbeitsplätze und Menschen geht. Immer häufiger komm ich mir vor wie in einer mittelmäßigen Fernsehserie über Wirtschaftsbosse. Nur dass wir ja gar nicht schauspielern.

Gebhard reagiert abgeklärt. Er hat das Lied schon oft gehört.

Jetzt komm mir aber nicht mit der Geschichte, du hättest es nicht gewusst. Außerdem, so schlimm wird es schon nicht sein. Du bekommst ja noch immer dein sechsstelliges Schmerzensgeld oder?

Peter steigt auf den Sarkasmus ein.

Ja, die Seite der Waage passt nach wie vor. Hast ja recht. Um die ganze Schauspielerei geht es mir schlussendlich auch gar nicht.

Jetzt wird Gebhard aufmerksamer.

Um was geht es dann?

Am anderen Ende der Leitung entsteht eine Pause, bis Peter antwortet.

Ich mach den ganzen Mist mit, um was zu bewegen. Zumindest in meinem Betrieb. Aber das ist unmöglich. Zugegeben, meine Kar-

riere hat ein paar Schlenker. Trotzdem wusste ich immer, warum ich in die Direktion kommen will. Und nein, es geht dabei nicht um eine bessere Welt. Auch der Selbstfindungskram kann mir gestohlen bleiben. Wir wissen beide, dass ich kein Romantiker bin. Klar nehm ich es billigend in Kauf, wenn das noch dazu klappt. Aber darauf kam es mir nicht an. Ich wollte das Ruder in der Hand haben. Die Richtung ansagen. Nicht nur davon überzeugt sein, mehr zu wissen, sondern es auch in die Tat umsetzen.

Gebhard hakt nach.

Und jetzt?

Peter seufzt.

Jetzt füllt sich der Kalender von alleine. Mit irgendwelchem Mist von anderen Leuten, die sich für wichtig halten. Meiner Sekretärin ist das piepegal. Der ist wichtig, dass sie pünktlich in den Feierabend kommt. Meine Untergebenen scheren sich mehr um ihre eigene Karrierepolitik als um die Ansagen ihres Chefs. Und bewegen, bewegen tut sich gar nichts. Wir schweben wie Schmeißfliegen über einem Haufen Mist. Lautes Surren ohne das geringste Weiterkommen. Trotzdem bin ich so geschafft, dass ich die Familie tagtäglich anmotze. Fast jeden Abend gibt es Streit. Und die Wochenenden hat sich die Firma auch schon unter den Nagel gerissen.

Gebhard ist wenig überrascht. Er fragt trotzdem:

Was hast du erwartet?

Nochmal denkt Peter einige Sekunden nach.

Na was wohl? Ich bin davon ausgegangen, dass ich als Direktor wieder die Hoheit über mein Leben zurückbekomme.

· · · · · · ·

Unter den Älteren finden wir immer mehr Karrierefrustrierte. Dabei ist es ein Irrglaube, dass diese Enttäuschung die Menschen trifft, denen der Aufstieg verwehrt bleibt. Nein, gerade die Erfolgreichen sind mit ihrem Latein am Ende. Denn sie stellen fest, dass an der Spitze gar keine Freiheit auf sie wartet. Stattdessen nehmen die Abhängigkeiten ständig zu. Der Tag wird von außen durchgetaktet.

Sie (er)schaffen nichts mehr, sie hecheln nur ihren Verpflichtungen hinterher. Am schlimmsten ist allerdings, sie kommen aus den Zwängen nicht mehr aus eigener Kraft heraus. In den allermeisten Fällen haben sie sich in unserem Arbeitssystem festsetzen lassen, lange bevor sie es bemerkten.

Als alles noch gut und richtig war, gewöhnten sie sich an das schicke Auto. Inzwischen brauchen sie das gute und deshalb auch teure Essen. Sie selbst wissen oft nur theoretisch, wie ihr Hotelzimmer, Flug- oder Bahnticket auf ihr Smartphone kommt. Für die Probleme mit ihrem Computer ist der Support aus der IT nur einen Anruf entfernt. Das neue Tablet erklärt der Assistent. Ihr Leben läuft in den geordneten Bahnen eines Einkommens, bei dem problemlos jeden Monat die Waschmaschine kaputtgehen könnte. Peter brachte es in einem späteren Telefonat auf den Punkt:

Ich will ja raus aus der Mühle, aber meine absolute Untergrenze sind hundertzwanzigtausend im Jahr.

Befehlsverweigerung!

Zugegeben, diese Gehaltsvorstellung ist für so manchen mittelständischen Geschäftsführer eher das obere als das untere Limit. In der Sache geht es Stephan allerdings wie Peter. Er erinnert sich an die Zeit, als er Marketing und Vertrieb noch ganz normal leitete.

> > > > >

Stephan

Viel von meinem Tag verliert sich in der Verwaltung. Ich habe wöchentliche Regelmeetings mit der Geschäftsführung. Da geht es um Zahlen, Daten und Fakten. So was wie Bestelleingang, Umsatz, Rechnungsausgangsprüfung usw. Dann will jeder Vertriebler mindestens einmal in der Woche mit mir über sein Gebiet sprechen. Dafür gehe ich die Besuchsberichte durch. Ich schau mir seine Umsatzentwicklung an. Dazu kommen die Feuerwehreinsätze, wenn ein Auftrag aus dem Ruder läuft. Ach ja, regelmäßig gibt es noch Gespräche mit Lieferanten, Mitarbeitern und so weiter und so fort. Dann wollen wir ja gute Stimmung haben. Also bereiten wir Sommerfeste und Weihnachtsfeiern vor. Sinnvoll sind auch Betriebsversammlungen, an denen sich die ganze Belegschaft gegenseitig trifft. Da ehren wir langjährige Angestellte und stellen Veränderungen vor, die bald anstehen. In der restlichen Zeit warten unsere VIP-Kunden auf meinen oder den Besuch meines Vaters, des Geschäftsführers. Während ich darüber nachdenke, erklärt es sich fast schon von selbst, warum ich so wenig zu dem komme, was mir sehr gut gefallen würde: über neue Produkte und die erfolgreiche Zukunft nachzudenken.

Ich bin ja so in die Führungsrolle reingerutscht. Richtig darauf vorbereiten konnte ich mich nicht. Deshalb denke ich, dass das noch viel besser geht. Und so mache ich in diesem Sommer eine Führungsausbildung in der Schweiz. Danach bekomme ich es sicher in den Griff. Zumindest erhoffe ich mir das.

Die wichtigste Aussage dieser Fortbildung war der Satz: Führung kann man lernen. Hier bekam Stephan nützliches Handwerkszeug, das er in seiner Arbeit in der Firma einsetzen konnte. Er wusste jetzt, was ein Engpass ist und wie es dem Unternehmen nutzt, ihn zu kennen. Er verstand, dass es um mehr ging als Gewinnmaximierung. Dass man mit Wachstum vorsichtig sein sollte. Dass Führung bedeutete, mit den Menschen zu arbeiten, anstatt sie als Erfüllungsfunktion einer großen Maschine zu verstehen.

Doch auch mit den dort gezeigten Führungsprinzipien fühlte er sich weiterhin unwohl. Woher kam das Unbehagen? Zuerst einmal kam es aus seinem Bauch. Es sachlich zu begründen, fiel ihm schwer. Zu allem Überfluss klangen die Rechtfertigungen, die ihm einfielen, als wolle er sich vor der Verantwortung drücken.

> > > > >

Stephan

Ich will die ganze Rumkommandiererei nicht. Es macht mir keinen Spaß, andere anzuweisen, wie sie was abarbeiten. Die haben doch auch ein Hirn zwischen den Ohren. Noch schlimmer ist allerdings die Kontrolle hinterher. Es bringt ja nichts, eine Order rauszugeben, wenn ich danach nicht schaue, ob die Leute sich dran halten. Damit das irgendwie klappt, muss ich mir vorher ein Konzept dazu überlegen.

Also beispielsweise im Verkauf. Da will ich, dass wir mehr Umsatz machen. Ich setze mich dann hin und gehe die Gebiete durch. Da gibt es Regionen, in denen wir schon gut platziert sind. Hier ist Zusatzwachstum eher schwer. Bleiben diejenigen, wo wir nur wenige Kunden haben. Es klingt logisch, dass ich mit deren Vertrieblern rede. Ich gebe ihnen vor, nächstes Jahr ihre Verkäufe um, sagen wir mal, zwanzig Prozent zu steigern. Um ihnen nicht ständig hinterherlaufen zu müssen, vereinbare ich einen Bonus. Den bekommen sie nur bei Zielerreichung.

Hört sich an wie ein guter Plan. Ist aber totaler Mist. Damit wir am Ende keinen Schock erleiden, check ich die ja trotzdem regelmäßig. Dann gibt es tausend sinnvolle Gründe – Aktionen der Wettbewerber, Wechsel im Außendienst, Änderungen bei den Verbänden, etc. –, warum sie das Ziel nicht erreichen. Zum Schluss fehlt der Umsatz, ich hab Woche für Woche stundenlang Besuchsberichte kontrolliert und trotzdem kriegt jeder seinen Bonus. Da können wir es doch gleich bleiben lassen. Aber was ist die Alternative?

KOMFORTZONENDENKEN

Was Stephan damals beschäftigte, ist ein weit verbreiteter Trugschluss. Es ist die Annahme, Erfolg entstehe aus einem Plan, der klar die nötigen Handlungen vorgibt, und seiner Erfüllungskontrolle. Das gilt aber lediglich für Angelegenheiten, bei denen die Aufgabe, der Lösungsweg und die Lösung vorhersagbar sind. Sprich nur dann, wenn wir alle Faktoren und ihre Einflussnahme auf die Situation genau kennen. Das trifft auf Zusammenarbeit von mehreren Menschen nie zu. Wir wissen nicht, wer morgen krank wird. Ob jemand kündigt. Welche neue Kollegin wir finden. Wie viele Kunden sich für unser Angebot entscheiden. Und so weiter.

Der ebenso bequeme wie übliche Ausweg der Führungslehre ist, zu sagen:

Die Führung ist informiert und klug. Sie gleicht das Unvorhersehbare aus. Ist es nötig, weist sie ein anderes Verhalten an. Die Belegschaft richtet sich danach. Der Erfolg ist wieder gesichert.

Schön, wenn es so einfach wäre. Dabei wollen wir gar nicht darauf eingehen, ob alle Vorgesetzten wirklich so klug sind. Die Führungslehre übersieht leicht einen entscheidenden anderen Faktor. Die Grundformel, nach der sich Management auch heute noch richtet, kommt aus dem neunzehnten Jahrhundert. Damals war ein Gutteil der Bevölkerung schon rein rechtlich ein Eigentumsgegenstand.
Das änderte sich in der Industrialisierung. Denn für die Fabriken brauchte man Mitarbeiter, die die Freiheit hatten, ihre Arbeitskraft verkaufen zu können. Über mehr als ihre Arbeitszeit sollten sie allerdings keinesfalls bestimmen. Und so ist eine Arbeitswelt, in der man tatsächlich auf die Mündigkeit aller Menschen vertraut, weiterhin Wunschdenken. Die Führungslehre nimmt nach wie vor an, dass die Wissenden den Ungebildeten sagen müssen, was sie wann und wie zu tun haben.

Das alles passt heute nicht mehr. Menschen besitzen nicht nur die Fähigkeit zu denken; wir können von ihnen auch verlangen, sie anzuwenden. Denn ja, sie können sich Zusammenhänge erschließen. Sie haben die Eigenschaft, die Welt zu hinterfragen und sie so zu verstehen. Wie sie diese Veranlagungen im einzelnen Leben entwickeln, ist freilich sehr verschieden. Dass wir damit geboren werden, ist unbestreitbar.

Auf die Wirtschaft bezogen, läutet das frühe einundzwanzigste Jahrhundert die Epoche ein, in der die Fähigkeit zu denken selbst zur ökonomischen Ressource wird. Stimmt diese Annahme, verlangt das ein völlig anderes Führungsverständnis.

Gebhard erlebte beruflich zwei ganz unterschiedliche Situationen, von denen er erst hinterher verstand, wie sehr sie für ein menschzentriertes Führungsverständnis standen.

SITUATION 1: MÜLLWERKER

Gebhard kommt aus dem Büro des Leiters der örtlichen Müllabfuhr. Er braucht einen gut bezahlten Job, in dem er in wenigen Wochen ein paar Tausend Mark verdient. Obwohl er als Deutscher zur absoluten Minderheit gehören wird und auch körperlich der Aufgabe kaum gewachsen scheint, bekommt er eine Chance. Zwei Tage nach dem Arbeitsantritt wirft ihn sein Team vom Fahrzeug. Er ist einfach zu langsam. Oder die vollen Mülleimer sind zu schwer. Bevor er vom Platz fliegt, erbarmt sich der Fahrer vom Verpackungsmüll seiner:

Den leichten Plastikmüll wirst du Hungerhaken wohl noch schaffen!

Gebhard hört ihm aufmerksam zu und zahlt das Vertrauen zurück. Innerhalb nicht einmal einer Woche lernt er, die Gelben Säcke so schnell im Laster verschwinden zu lassen, dass sie alle so in den Feierabend kommen, wie es sich der Capo vorstellt.

· · · · · · ·

Bei dieser Arbeit erkannte Gebhard, wie wichtig es sein kann, sich an die Anweisungen von Kollegen zu halten. Die Mannschaft auf dem ersten Wagen erklärten ihm schlussendlich, warum sie ihn rausgeworfen hatten: Schon am Einstiegstag war er zum Ende der Tour hin so geschafft, dass die Konzentration nachließ.

Auf dem Müllwagen hieß das, er rutschte zweimal beinahe von der Plattform, auf der man als Werker im Heck mitfährt. Für den Fahrer ist man dort im toten Winkel. Er merkt erst beim nächsten Halt, ob alle noch an Bord sind. Die Anweisungen, die man als Kollege bei der Müllabfuhr in teilweise brüchigstem Deutsch erhält, bewahren einen vor schweren Verletzungen oder Schlimmerem. Sie haben Sinn. Die Kontrolle übernehmen die Mitfahrer, die sich auf der anderen Seite ebenfalls festhalten. Die Strafe für das Nichtbefolgen der Anweisungen wäre direktes körperliches Leid, für das man selbst verantwortlich ist.

All das unterscheidet sich sehr stark von klassischer Führung. Dort entbehrt der Zusammenhang zwischen Anweisung, Kontrolle und Konsequenz oft jedweden Sinn. Stattdessen entspringt er der Willkür des Vorgesetzten. Etwa, wenn ein Verkaufsleiter seine Vertriebler anweist, jeden Tag fünf Kundengesprächsprotokolle einzureichen. Erreicht einer die Quote nicht, bekommt er den Mittelklassewagen gestrichen und muss künftig mit einem schlecht ausgestatteten Kleinwagen klarkommen. Der Angestellte zahlt es ihm mit Krankenscheinen zurück: Rückenschmerzen wegen der langen Fahrten in den schlechten Sitzen.

Situation 2: Verantwortlicher

Jahre nach dem Job als Müllwerker startet Gebhard in sein Berufsleben als Akademiker. Mit dem Diplom in der Tasche wird er Assistent der Geschäftsleitung eines Mittelständlers. Nach gut einem Vierteljahr bittet ihn der Eigentümer zum Gespräch.

Herr Borck, wir sind sehr zufrieden mit Ihnen. Sie haben ja Einkauf und Logistik studiert. Ich weiß, dass wir Sie wegen der Softwareimplementierung angestellt haben. Allerdings möchte ich in der Beschaffung Geld einsparen. Unsere Werkstätten kosten einfach zu viel. Deshalb ernenne ich Sie mit sofortiger Wirkung zum zentralen Einkaufsleiter. Machen Sie sich mit den Bedarfen vertraut und räumen Sie da auf. Ja?

Gebhard ist verblüfft. Trotzdem freut er sich über das Vertrauen.

Hab ich da freie Hand? Wie stehe ich zu den Werkstattleitern?

Sein Chef schaut ihn über den Rand der Lesebrille an. Er lächelt väterlich.

Machen Sie, was nötig ist. Klar müssen Sie sich mit den Werkstätten abstimmen. Die letzte Entscheidung liegt bei Ihnen. Ich verfasse ein Memo an alle, das Sie in Ihrer neuen Aufgabe vorstellt.

Beim Hinausgehen stellt Gebhard fest, dass er in seinem Studium wenig bis gar nichts über Führung gelernt hat. Er weiß, dass er gerade das Recht erhalten hat, den Kollegen vorzuschreiben, wo und wie sie künftig einzukaufen haben. Davon, wie man das sinnvollerweise hinbekommt, hat er keine Ahnung. Durch seine unzähligen Jobs ist er sich allerdings sicher, keiner von den gestandenen Werkstattleitern braucht einen noch nicht mal Dreißigjährigen, der ihm was vorschreibt. So sucht er das Gespräch mit seinen älteren Kollegen aus der Verwaltung. Der kaufmännische Leiter erklärt ihm:

Jetzt zeigt sich, ob Sie Verantwortung tragen können. Die Zeit des Ausprobierens ist vorbei. Beweisen Sie uns, was in Ihnen steckt. Bekommen Sie den Haufen in den Griff. Die brauchen klare Ansagen. Scheuen Sie sich nicht, eine etwas derbere Sprache ist da durchaus üblich. Machen Sie was draus!

Raus auf's Feld

Gebhard entschied sich, den Rat in den Wind zu schlagen. In seiner Diplomarbeit hatte er sich mit selbststeuernden Prozessen im Management beschäftigt. Ein wichtiger Aspekt dabei war die Psychologie im Zusammenhang mit Vorgaben, Kontrollen und Strafmaßnahmen. Theoretisch und aus seiner Erfahrung als Müllwerker war ihm klar, dass Anweisungen nur dann funktionierten, wenn sie für alle Beteiligten Sinn hatten.

Das ist der wesentliche Unterschied zu den Vorgaben eines klassischen zentralen Einkäufers. Die kommen vom aufgeräumten Schreibtisch aus einem warmen Büro. Der Verfasser muss die Empfänger gar nicht sehen. Ja nicht einmal unbedingt persönlich kennen. Allerdings stellt sich die Frage, ob sich irgendjemand an solche Vorgaben tatsächlich hält. Fehlt die Kontrolle und die Konsequenz, ist davon keinesfalls auszugehen.

Als Gebhard sich in die Aufgabe einarbeitete, war ihm deshalb sofort klar, dass er die Werkstattleiter brauchte, wollte er, dass seine Regeln eingehalten werden. Wie richtig das war, zeigte sich bald. Bisher kannte er die Firma nur von den Verwaltungsprozessen, die die Software abbildete. Von den weiteren Abläufen wusste er so gut wie nichts. Schon gar nicht, was in den überregionalen Niederlassungen genau passierte. Es gab mehrere hundert Maschinen, die auf LKWs montiert waren. Die Anbieter von LKW-Reifen verglichen sich untereinander anhand der Fahrkilometer, die ihre Pneus aushielten. Auf einer Veranstaltung mit allen Werkstattleitern erfuhr Gebhard, dass die meisten Reifen, lange bevor das Profil runter war, an einem Nagel in einer Dachlatte oder Ähnlichem kaputtgingen. Wichtig war deshalb, dass der Anbieter den Reifenwechsel vor Ort durchführen konnte. So sparte man sich den Transport des Fahrzeugs.

Aufgrund dieser Zusammenhänge erhielt der Lieferant eine sinnvolle Anweisung, nicht die Mitarbeiter. Die Kontrolle fand im Alltag durch die Kunden der Firma statt. Klappten die mobilen Reparaturen nicht, war die Strafe offensichtlich. Gebhard, der Einkäufer, wechselte den Dienstleister. Das alles hatte wieder einen natürlichen Sinnzusammenhang, wie bei den Müllwerkern.

Ganz anders sähe es aus, wenn Gebhard hinter seinem Schreibtisch den Vorschlägen der Anbieter gefolgt wäre und den Vertrag anhand der Laufleistung abgeschlossen hätte. Daraus wäre die Anweisung gefolgt, künftig beim von ihm gewählten Lieferanten einzukaufen. Kann der nicht zufällig auch den Reifenwechsel vor Ort, ist der Einkäufer schnell als Theoretiker unten durch. Er bekommt (berechtigten) Widerstand. Jetzt vermutlich gegen sämtliche seiner Entscheidungen.

Dieses Muster traf auf weit mehr als nur die Reifen zu. So stellte sich in der Veranstaltung mit den Technikern heraus, worauf beim Öl zu achten war. Dass einige Werkstätten ihre Schrauben und Normteile regional günstiger einkauften, als der zentrale Verkauf des überregionalen Vertriebs derselben Firma anbot und so weiter.

Gebhard erkannte, eine mittelständische Führungskraft, die nur ihr Büro kennt und mit Anweisungen regiert, läuft recht schnell ins Leere. Egal wie viel Memos der Eigentümer schreibt. Am Ende der Konflikte ist es für die Firma einfacher und sinnvoller, den Bürohengst zu entlassen als erfahrene Mitarbeiter. Wir sind uns sicher: Will man die Klugheit der Mitarbeiter für den wirtschaftlichen Erfolg nutzen, bedeutet es, die Wirkungskette aus Plan – Anweisung – Kontrolle und Anerkennung / Strafe abzulösen.

Muster brechen

Wie vorher beschrieben, war es das, was Stephan aus sich heraus wollte. Ihm ging es ja genauso. Ihm missfiel es auch, wenn er sich an zu viele Vorgaben halten sollte. Aus diesem Grund war er ja in die Führung des Betriebs eingestiegen. Ihm lag daran, selbst zu gestalten. Aber wie konnte er das allen anderen ermöglichen?

Da kam die Begegnung mit Gebhard gerade recht. Der ging nach den eigenen Erfahrungen in seiner Selbstständigkeit dem Weisungsrecht gegenüber anderen konsequent aus dem Weg. Ungeachtet dessen verfolgte er ehrgeizige wirtschaftliche wie inhaltliche Ziele. So koordinierte er internationale Projekte für Großunternehmen und begann, Mittelständler auf höchster Ebene darin zu begleiten, formale Führung abzubauen.

Ihm machte Gebhards Arbeit klar: Im Mittelpunkt der Anstrengungen stehen stets die Menschen. Ihre Fähigkeit, vernünftig zu handeln, wollte er für wirtschaftlichen Erfolg nutzen. In einigen seiner Beauftragungen ging es schon damals darum, Rahmenbedingungen zu schaffen, unter denen die Mitarbeiter dieses Potenzial ausschöpfen können.

Als Stephan ihn kennenlernte, arbeitete der Berater bereits mehr als sieben Jahre kollaborativ mit anderen Freiberuflern. So bewältigte er auch komplizierte und große Beratungsprojekte ohne Angestellte. Ein Satz Gebhards beeindruckte Stephan sofort:

Der Trugschluss ist zu glauben, dass klare Vorgaben und die entsprechende Kontrolle, ob diese korrekt ausgeführt werden, den Erfolg planbar machen. Tatsächlich braucht es den Sinnzusammenhang.

Gebhard nahm Stephan mit auf verschiedene Ausflüge, um – abseits vom stressigen Tagesgeschäft – über die neuen Möglichkeiten und Zusammenhänge, die aus dieser Überzeugung heraus erwachsen, zu diskutieren.

Erste Station – Keltenmuseum

Es ist ein trüber Morgen. Stephan fährt unter dem bleigrau verregneten Himmel auf den Parkplatz des Museums am Rand eines Dorfs in der Nähe von Stuttgart. Er sieht Gebhard, der nach ihm Ausschau hält. Was das wohl wieder soll. Beim letzten Mal trafen sie sich auf einem Wanderparkplatz. Hoffentlich kannte sich der Berater diesmal wenigstens aus! Als Stephan aussteigt, ruft ihm Gebhard zu:

Komm schnell, wir gehen gleich rein, unsere Ansprechpartnerin erwartet uns schon!

Stephan zuckt mit den Schultern. Was soll's, bezahlen muss er den Tag eh.

Verrätst du mir jetzt, was wir hier machen?

Der Berater lächelt begeistert.

Wir erfahren was über die Kelten, die hier in der Gegend lange Zeit vor Christus schon lebten.

Stephan kann die Begeisterung nicht teilen.

Und was bringt mir das für die Nachfolgefrage meiner Firma?

Gebhard geht zügig mit ihm zum Eingang.

Das merkst du noch. Die Kelten hatten einiges drauf, was du gut gebrauchen kannst.

Stephan ist skeptisch. Zumindest gehen Gebhard und er im Anschluss auf konkrete Fragen ein. Und da hat ihn der Berater schon beim letzten Mal überzeugt. Wenn er jetzt meinte, dass die Kelten dazu irgendetwas beizutragen hätten, dann bitte schön.

· · · · · · ·

Die Museumsführung überraschte Stephan. Offensichtlich waren die Kelten lange vor dem Beginn unserer Zeitrechnung erfolgreich dezentral organisiert. Jeder Hof war für sich autark. Keineswegs handelte es sich um ein zentral hierarchisch strukturiertes Volk. Ihre Eigenständigkeit bescherte ihnen über viele Jahrhunderte ein friedliches Miteinander. Sie trieben sogar Handel mit den hoch entwickelten Mittelmeer-Kulturen der Griechen und Römer. Dabei schien die Qualität ihrer Stoffe eine besondere Rolle zu spielen.

Stephan verstand mit dem Besuch, dass Dezentralisierung keine Erfindung der Moderne ist. Die historischen Beispiele erfolgreicher fragmentaler Organisationsstrukturen beruhigten ihn. Es war also gar nicht so neu, was er wollte. Es war nur über die Industrialisierung und das moderne Management vergessen worden.

Zweite Station – DDR-Museum

Heute ist es noch abstruser. Stephan trifft Gebhard in Pforzheim. Hier hat ein Herr Knabe das einzige DDR-Museum außerhalb Berlins gegründet. Grundlage war seine umfangreiche Sammlung von Gegenständen aus der Zeit des DDR-Regimes.

Inzwischen gefallen Stephan die sonderlichen Treffpunkte schon fast. Er ist offen und neugierig, als er zwischen den Quartieren der ehemaligen französischen Kaserne nach dem Museumsparkplatz sucht. Der Berater wartet bereits, als er ankommt. Mit ihm steht eine Schulklasse vor dem Eingang. Für sie ist der Besuch Teil des Geschichtsunterrichts. Stephan feixt, als er Gebhard begrüßt.

Zurück auf die Schulbank.

Gebhard lächelt zurück.

Als wir auf der Schule waren, gab es über den Osten der Republik nur sehr wenige Informationen. Es wird uns kaum schaden, ein paar Details zu erfahren. Doch deshalb sind wir nicht hier.

Stephan horcht auf.

Weshalb denn dann?

Gebhard wird ernst.

Achte mal auf übertragbare Muster.

. . . .

Ganz anders als bei den Kelten war dieser Museumsbesuch eher beklemmend. Wir traten in Verhörzimmer, in denen die Stühle der Verdächtigen am Boden festgeschraubt waren, um ihnen keinen Bewegungsspielraum zu geben. Wir sahen einen Raum voller Riechproben. Die Stasi nutzte sie, um Menschen nötigenfalls mit Such-hunden aufzuspüren.

Besonders erinnern wir uns allerdings an das Hausbuch[1]. Es war ein gesetzlich vorgeschriebenes Meldebuch, das von Mietern und Eigentümern gleichermaßen zu führen war. Darin trug man Gäste aus der DDR ein, die länger als drei Tage blieben. Besucher aus dem Ausland musste man innerhalb von vierundzwanzig Stunden do-kumentieren. Festzuhalten war neben dem Namen der Person das Geburtsdatum, die Staatsbürgerschaft, die derzeit ausgeübte Tätig-keit, die Anschrift der Hauptwohnung, der Name des Besuchten, der Zeitraum des Besuchs sowie die eventuelle An- und Abmeldung bei der Volkspolizei (DVP).

Die Schüler witzelten darüber, wie das aussähe, wenn man die Stippvisite der Verwandtschaft festhielt. Was die wohl dazu sagen würden. Bei Stephan und mir hinterließ es ein ganz anderes Bild. Wir fühlten uns an Firmen erinnert, die an der Pforte Zutrittskarten verteilten. Mit den Karten identifiziert der Betrieb, wer da ist. Und er erkennt, welche Türen die Menschen wann benutzen. So weiß er genau, wo sich die Anwesenden aufhalten.

Es ist ein übliches Vorgehen, das sich mit Haus- und Urheberrecht ebenso vernünftig begründen lässt wie mit Sicherheitsaspekten. Dennoch hinterlässt es einen schalen Geschmack, wenn man, kurz nachdem einem im DDR-Museum das absurd erscheinende Haus-buch vorgestellt wurde, eine Firma besucht, die einen mit zeitgemä-ßen Technologien weit systematischer und zugleich unauffälliger überwacht.

Stephan verdeutlichte der Besuch, dass zentrale Kontrolle und Steu-erung in Firmen viel normaler ist, als wir größtenteils annehmen. Er erkannte: Ihre Praktiken, seien es die Zielvorgaben, Budgets oder

---

1   *https://www.ddr-museum.de/de/blog/archive/das-hausbuch*

das Personalwesen, wurzeln stärker in den Ideen autokratischer Regierungen als in freiheitlich humanistischen Idealen. Er erkannte, wie sehr es darauf ankam, auch auf die Feinheiten in unseren Gewohnheiten zu achten, will man die bestehenden Muster durchbrechen.

Nach wie vor fehlte ihm allerdings der umfassende Gegenentwurf für einen Betrieb. Gesellschaftlich wusste er, dass es in Richtung freiheitlicher Demokratie auf Grundlage eines Rechtsstaates geht. Doch was bedeutet das auf der Unternehmensebene? Er hatte verstanden, dass Plan, Anweisung und Kontrolle zu einem System führten, dem er widersprach. Doch was dann? Wie konnte man ernsthaft eine Firma führen wollen, in der es keine Vorgaben und Kontrolle mehr gab?

Die Museumsbesuche hatten seine Wahrnehmung geschärft. Er erkannte jetzt, was alles schieflief. Und das war viel. Stechuhren, Bonusse, das Denken in Geldtöpfen und so weiter. Grundlage, um selbst mit Veränderungen loszulegen, war allerdings, dass er tatsächlich die Nachfolge seines Vaters antrat. Das dauerte aber immer noch eineinhalb Jahre. Dann traf er sich erneut mit Gebhard, um zu besprechen, wie aus seinen Ideen ernsthafte erste Schritte werden konnten.

Skeptisch konstruktiver Startschuss

Diesmal treffen sie sich ganz normal zum Mittagessen. Stephan hat das Restaurant ausgesucht, so vermeidet er, wieder in einer seltsamen Umgebung zu landen. Er ist gespannt, was Gebhard ihm vorschlägt. Er freut sich, als er den Berater in der Tür sieht, winkt ihm zu und begrüßt ihn schließlich am Tisch.

Hallo, schön, dass es geklappt hat.

Auch der Berater ist sichtlich guter Dinge.

Mich freut es ebenfalls. Jetzt kannst und willst du also loslegen?

Stephan nickt.

Ja, allerdings gibt es da noch ein grundlegendes Thema, bei dem ich Klarheit brauche.

Der Berater setzt sich. Er schaut aufmerksam zum Geschäftsführer, der spricht weiter.

In den letzten Monaten hab ich bei uns darauf geachtet. Überall geht es um Anweisungen, Kontrolle, Fehlverhalten, Strafen usw. So gesehen sind wir ein ganz normaler Betrieb. Ich versuche mir vorzustellen, was ich stattdessen machen soll. Doch so richtig einfallen will mir nichts. Irgendwas hab ich da noch nicht verstanden. Und wenn wir jetzt loslegen, mach ich mir Sorgen, dass das alles nach hinten losgeht.

Jetzt kommt die Bedienung vorbei. Beide bestellen etwas zu essen und zu trinken. Dann tritt eine Pause ein. Gebhard grübelt offensichtlich über die Antwort. Seine Erwiderung ist allerdings eine Frage.

Du meinst, wie sollst du es anfangen, ohne gleich von vornherein anzuweisen?

Stephan stimmt wortlos zu. Der Berater beugt sich vor und fragt weiter:

Willst du wissen, was mit deiner Macht als Geschäftsführer passiert?

Jetzt denkt Stephan einige Augenblicke nach. War es das? Hatte er Angst, seine Macht zu verlieren? Er war skeptischer als zuvor.

War das ein guter Weg, mit diesem Berater, der vorneweg immer nachfragte?

Worauf willst du hinaus? Hör auf, mich auf die Folter zu spannen. Da zweifle ich gleich noch stärker.

Gebhard hebt entschuldigend die Hände.

Tut mir leid, ich wollte es nur verstehen. Ich denke, du suchst nach dem Unterschied zwischen Macht und Einfluss. Der Mächtige führt aufgrund von Befehlen. Er ordnet an. Und er braucht die nötige Gewalt in der Hinterhand, um seine Anweisungen durchzusetzen. Das löst wohl die stärkste Kommunikationssperre aus, die wir kennen. Die weite Mehrheit der Menschen reagiert darauf mit Widerstand. Dein Gegenüber testet erst einmal an, ob du ihm wirklich was vorschreiben kannst. Fehlt dir anschließend die Durchsetzungsgewalt, macht er ab dann die Sachen einfach so, wie es ihm gefällt.

Stephan hört interessiert zu. Schließlich fällt er dem Berater ins Wort.

Ja, ja, das mit der Macht versteh ich. Das seh ich jeden Tag. Du brauchst es mir nicht nochmal erklären. Aber was ist die Alternative?

Gebhard freut sich sichtlich über die Aufmerksamkeit und Ungeduld.

Na, Einfluss zu bekommen. Ideal wäre, deine Mitarbeiter sehen den Sinn in dem, was du erreichen willst. Anstatt sie kontrollieren zu müssen, machen sie von sich aus, was nötig ist. Diese Art von Einfluss beruht auf Beziehung. Dafür sollte die Belegschaft anfangen mitzudenken und du solltest dich in deine Kollegen hineinfühlen. Am Ende davon versteht ihr euch auf einer ganz anderen Ebene. Was wichtig ist, passiert dann einfach.

In dem Moment kommt die Bestellung. Beide fangen schweigend an zu essen. Nach einer Weile meint Stephan:

Soll das heißen, für den Weg in eine eigenverantwortliche Organisation sollte ich praktisch alle meine formalen Privilegien als Geschäftsführer künftig ablegen? Wie kann das denn funktionieren?

· · · · · · ·

Liebe Leserin, lieber Leser, noch heute ist Stephan Heiler der Geschäftsführer der Alois Heiler GmbH. Diese Verantwortung wahrzunehmen, verlangt allerdings nur mehr der Gesetzgeber von ihm. Er freut sich inzwischen, dass er die damit verbundene Macht selbst dann nicht mehr ernsthaft wahrnehmen könnte, wenn er wollte. Seine Belegschaft würde sich entweder über ihn amüsieren oder ihm ordentlich die Leviten lesen.

Wie es dazu kam, was wir auf dem Weg lernten, woran wir beinahe scheiterten? Welche Konsequenzen unsere Wünsche von uns forderten? All das beschreiben wir in den folgenden Kapiteln. Starten Sie mit uns in die große Expedition der Nachfolge von Stephan Heiler als Geschäftsführer mit ganz eigenen Ideen, wie eine Firma erfolgreich sein kann. Als Kompagnon und Mitdenker steht ihm bis heute Gebhard Borck zur Seite. Wir freuen uns darauf, Sie auf unserem Weg mitzunehmen. Wir versprechen Ihnen sinnvolle Denkwerkzeuge, sollten Sie ein ähnliches Vorhaben starten wollen ...

II

Ich dachte,
du weißt das?

Alte Bekannte und neue Unbekannte

Stephan

Eines Tages besuchte mein Vater eine Firmenfeier bei einem lang-
jährigen Kunden. Auf dem Fest übergab der Inhaber und Geschäfts-
führer anlässlich seines 60. Geburtstages den Staffelstab an seinen
Sohn. Einige Zeit später verließen wir eines Abends zusammen zum
Feierabend die Firma. Auf dem Parkplatz erzählte er von der Feier
und eröffnete mir wie nebenbei: „Ich dachte mir, wir machen das
auch zu meinem Sechzigsten. Die Firmenübergabe, meine ich."
Damit überraschte er mich völlig. Zu dem Zeitpunkt engagierte
ich mich bereits mehrere Jahre in der Firma als Marketing- und
Vertriebsleiter. Natürlich gab es da auch das eine oder andere Ge-
spräch in Richtung Nachfolge. Allerdings bis dahin kein ernsthaftes.
Mein Vater war sichtlich vom Beispiel seines Kunden beeindruckt –
es gab keinen Zweifel, er hatte sich entschieden.
Ich hatte mich bereits einige Jahre mit Fragen zum Führungsstil
auseinandergesetzt. Wähnte den Zeitpunkt, tatsächlich ans Ruder
zu kommen, allerdings noch in weiter Ferne. Weit gefehlt, wie ich
nun erkannte. An diesem Abend begann ich, mich ernsthaft mit
meinem künftigen Weg auseinanderzusetzen. Ich wusste: Für mich
ist es undenkbar, in jeder Situation den Vortänzer zu machen. Stän-
dige Ansagen an die Mitarbeiter, wie sie was zu tun haben, sind mir
ein Graus. Oft sogar noch zu Fragestellungen, bei denen ich selbst
kaum mehr Ahnung habe als sie. Doch die Frage war: Gibt es über-
haupt einen anderen Weg, und krieg ich den hin?

Nachdem sein Vater ihn so unter Zugzwang gesetzt hatte, fiel es
Stephan, wie bereits beschrieben, eine ganze Zeit lang schwer, alternative Führungsideen für seine berufliche Zukunft als Firmenchef
zu finden. Er freute sich, als er bei Fredmund Malik[2] herausfand, dass
man Geschäftsführung lernen kann. Er absolvierte daraufhin dessen Summerschool für angehende Unternehmensleiter.

---

2   *Führen, Leisten, Leben; Fredmund Malik; DVA Verlag 2000*

Was er dort lernte, klang schlüssig. Seine innere Stimme lehnte es allerdings ab: Am Ende blieb doch wieder alles an den Chefs hängen. Dann hörte er einen Vortrag von Niels Pfläging[3]. Bei ihm machte sein Bauch Freudensprünge der Zustimmung. Pfläging zerlegte die gängigen Glaubenssätze des Managements in ihre Einzelteile und beschrieb präzise Gründe, warum man sie getrost vergessen sollte. Stephan hinterließ ihm eine Visitenkarte. Wenige Monate später besuchte Pfläging die Firma und brachte noch jemanden mit.

Stephan

Da sitzen wir zu dritt in unserem Besprechungsraum: Niels Pfläging und ich, und Gebhard Borck, ein Berater, den Pfläging im Schlepptau mitgebracht hat. Gerade diskutieren wir die Unsinnigkeit von Anreizen im Gehaltssystem. Sogar im Vertrieb. Es gefällt mir. Bestätigen die beiden doch endlich mal meine Bedenken. Mehr noch, sie beschreiben Ideen, wie es anders geht.

Sie erzählen, wie sie eine andere Kultur gerade bei einem Mittelständler ganz in der Nähe entwickeln. Ich stelle mir einen Alltag vor, in dem unsere Belegschaft den Laden eigenständig im Griff hat. Ein weiter Weg, das ist klar. Ich sehe aber nicht, wie Niels Pfläging uns aus Brasilien betreuen will. Gebhard Borck kommt sogar aus der Region. Das wäre ein Vorteil.

Sie meinen, ich sollte die Themen mit meinem Vater diskutieren. Doch dafür ist es mir definitiv noch zu früh. Trotzdem wünsche ich mir, dass sie mit ihren Gedanken recht haben. Weil ihre Wege abseits der normalen Führungspraktiken verlaufen. Funktionieren die Ideen, komme ich aus der Nummer von Anweisung und Kontrolle raus.

---

3   *Führen mit flexiblen Zielen; Niels Pfläging; Campus Verlag 2006*

Der Wersauer

Seit wir uns so das erste Mal getroffen hatten, hielten wir den Kontakt. Wir führten viele intensive Gespräche miteinander. Besuchten besagte Museen und immer wieder kamen wir auf die Zerrissenheit zwischen Karriere und Lebensplanung, die wir in den ersten beiden Kapiteln ein wenig unter die Lupe genommen haben.

Die gelungene Karriere bildet landläufig die Grundlage eines zufriedenen Lebens. Den Erfolg ermöglicht die Familie häufig, indem sie zurücksteckt. Sie steht bedingungslos hinter einem. Geschäftsfreunde stabilisieren das soziale Umfeld. Gegenseitige Gefälligkeiten bilden sein Schmiermittel. Das außergewöhnliche Gehalt erstickt den Drang, sich zu beschweren.

Was passiert, wenn die Leere trotzdem bleibt? Wenn sie sogar wächst? Wenn Macht ebenso wenig ausreicht wie materielle Sorglosigkeit? Wenn der Familienverbund daran zu zerbrechen droht?

Dann müsste es, so dachten wir, doch möglich sein, den Weg zurück in die Gruppe zu suchen. Die Verantwortung auf alle Schultern gleichermaßen zu laden. Das Ergebnis zu verteilen. Wir fragten uns: Was ist der kürzeste Weg dahin?

Und wir fanden eine radikale Antwort: Die formale Hierarchie konsequent abschaffen.

Doch wie fängt man das an? Wir luden zu einer Arbeitsgruppe ein. Zu ihr gehörte die Geschäftsleitung, mit Stephan und dem Prokuristen Armin. Hinzu kamen die bestehenden Führungskräfte, der technische Leiter Oskar sowie der Marketingchef. Schließlich vier Teamleiter. Den Namen erhielt der Klub vom Ort, an dem wir uns trafen, dem Wersauer Hof. Ein Pferdehof mit angeschlossener Gastronomie.

Wir tagten im Gewölbekeller. Bei schönem Wetter verlegten wir einen Teil der Workshops in den sonnigen Innenhof. Anfänglich sahen wir quartalsweise Treffen vor. Wir zielten darauf ab, bei den Schlüsselmitarbeitern die Begeisterung für eine Zusammenarbeit ohne festgeschriebene Machtverhältnisse zu wecken.

Uns interessierte die Beziehung zwischen Stephan, den bestehenden Führungskräften und den Potenzialträgern. Gebhards Ideen liefen darauf hinaus, dass die einen Weisungsbefugnis abgeben und die anderen von vornherein gar keine erhalten. Schließlich wollten wir an die Eigenverantwortung der Belegschaft rankommen.

Die Teilnehmer des Kreises hatten unterschiedliche Ansprüche. Armin, langjähriger Führungsmitarbeiter und Prokurist, erinnert sich etwa:

Armin
Ich kenne Gebhard von einem zweitägigen Seminar. Stephan wollte, dass ich es mitmache. War auch interessant. Jetzt hat Stephan ihn also in die Firma mitgebracht. Grundsätzlich glaube ich, dass er uns helfen kann. Er ist gescheit, ich glaube allerdings, zu verkopft. Theoretiker halt. Wie er den Sprung in die Praxis schafft, muss er erst zeigen. Da seh ich seine größte Aufgabe.
Stimmig ist, dass wir unternehmerische Inhalte angehen. Da erhoffe ich mir viel von den Kolleginnen und Kollegen. Mir gefällt, dass wir sie gleich voll einbeziehen. Ich erwarte da einiges. Der Betrieb braucht Leute, die mit anpacken. Sie sollen lernen, Verantwortung zu übernehmen, für sich, das Unternehmen und Mitarbeiter. Ich nehme an, hier ist der stärkste Hebel mit Gebhard. Aber am Ende des Tages entscheidet Stephan, wohin er will. Ist ja seine Firma.

Ganz anders war der Eindruck bei Ralf, einem jungen Leistungsträger und Aspiranten auf eine Teamleiterposition:

Ralf

Was für ein Aufriss. Jetzt bezahlen wir einen Berater für Führungs-kräfteentwicklung. Na ja, wenn es der Juniorchef so haben möch-te. Wer bin ich, mich dagegen zu sträuben. Der Typ scheint ganz in Ordnung. Für meinen Geschmack redet er aber ein bisschen zu geschwollen daher. Doch der merkt auch noch, wie das hier läuft. Hauptsache, die erkennen endlich mal meinen Einsatz für die Fir-ma. Sollten sie die Gehaltserhöhung und den Firmenwagen wei-ter auf die lange Bank schieben, such ich mir Alternativen. Wofür plage ich mich überhaupt durch die Abendschule? Hier sieht das niemand.

Vielleicht komme ich über diesen Borck ja an Stephan ran. Immer-hin tut sich mal was. Wobei mich die Treffen nerven, bevor sie an-fangen. Was wollen wir einen Tag die Probleme zerreden. Kommt mir vor wie eine Psychoszene aus einem schlechten Film. Wir liegen auf der Couch. Dr. Borck analysiert unsere Traumata. Dann bringt er die brillanten Lösungen und in einem Jahr steht der Betrieb tipptopp da. Er könnte ja ein Genie sein. Ich glaub allerdings, er ist schlicht um die paar Tausend Euro reicher und im Laden bleibt's beim Alten.

Stephan aber sah die Workshops zuversichtlich:

Stephan

Endlich starten wir mit den Ideen durch. Bisher gab es nur die Coa-chings von mir direkt mit Gebhard. Jetzt nehmen wir erstmals die Mitarbeiter dazu. Ich denke, das ist der richtige Weg. Schließlich re-den wir von den Leistungsträgern. Von der Belegschaft schauen die am weitesten über den Tellerrand. Ich will, dass sie die Möglichkei-ten erkennen, die wir haben, wenn wir alle wirklich gemeinsam an einem Strang ziehen. Mal schauen, wie die anderen mit Gebhards Gedanken zurechtkom men. Bestimmt packen wir bereits nach ein paar Sessions die Dinge in der Firma zusammen an.

Mit derart verschiedenen Erwartungen startete die Zusammenarbeit im Wersauer Kreis. Die frühen Workshoptage prägte gegenseitiges Abtasten. Einige Inhalte stießen auf Interesse, manche auf komplette Blockade. Im zweiten Treffen brachten wir beispielsweise den Punkt an, dass eine Veränderung hin zu einer menschbezogenen Aufbauorganisation ein loyales Veränderungsteam benötigt. Dem stimmten die Teilnehmer zu. Anschließend stellten wir jedem einzeln die Frage, ob er willens sei, diese Treue zuzusichern.

Da eskalierte es zum ersten Mal. Es kam sogar zu Tränen. Die Gruppe war fassungslos, dass wir ihre Loyalität zum Unternehmen infrage stellten.

Nach achtzehn Monaten war schließlich allein die Vorstellung des nächsten Wersauer-Termins der reine Horror. Und zwar für beide Seiten. Stephan und Armin wollten kein weiteres Schweigeseminar. Die Potenzialträger waren die Planspielchen leid.

Wir sahen klar die Notwendigkeit, Strukturen zu verändern. Beim Rest entwickelte sich zunehmend ein Bild von Gebhard als das eines Hofnarren des leicht abgedrehten Nachfolgers. Stephans Status als Geschäftsführer war damals der einzige Grund dafür, dass alle weiter zu den Treffen kamen.

Der Ansatz, mit den vermeintlichen Leistungsträgern der Firma zu beginnen, erwies sich zwei Jahre nach dem Auftakt als Wunschdenken und als immenser Zeitverlust für die Beteiligten. In einem der letzten Treffen kam der Austausch völlig zum Erliegen. Außer dem Prokuristen und uns schwieg sich der Rest einfach aus.

Wir verstanden, warum die Herangehensweise praktisch scheitern musste: Unsere Arbeitswelt stellt hierarchische Karriere mit Erfolg gleich. Wir verlangten von Personen, die an diese Formel glauben, sich genau gegenteilig zu engagieren. Zum Glück hatte da aber schon parallel eine andere Entwicklung begonnen.

Als der Manager ging

Stephan

Selbst dem wunderschönen sonnigen Morgen fällt es schwer, meine Laune zu heben. Gestern hat unser technischer Leiter gekündigt. Die zentrale Figur, um die Produktbereiche in Ordnung zu halten. Gerade sitzen wir im Wersauer zusammen, um eine Lösung zu finden. Wir sind an einem toten Punkt angekommen. In den vergangenen drei Jahren besetzten wir die Stelle fünfmal neu. Alle Anwesenden haben den Posten schon aus plausiblen Gründen abgelehnt.

Gebhard regt an, dass wir zuerst die Stellung an sich hinterfragen sollten. Er meint, die Ablehnung der bisherigen Kandidaten zeige uns, dass die Position Menschen auf Dauer überlastet. Zu viele Kompromisse, Feuerwehreinsätze, Fachbereiche, zu wenig Anerkennung usw. Im Moment grübeln wir alle, wie wir mit der Erkenntnis umgehen.

Ich denke zurück an die Zeit nach meiner ersten Begegnung mit Gebhard. Schon damals faszinierte mich der Gedanke, Führung einfach abzuschaffen. Ich wäge nochmal kurz ab, dann platzt es aus mir heraus: „Lasst uns einfach keinen Neuen suchen!"

Eine Stunde später war es ausgemacht. Wir suchten gar keinen neuen technischen Leiter mehr. Stattdessen begannen wir, die Bereichsmitarbeiter darin zu begleiten, ihre Probleme ohne formale hierarchische Führungskraft in den Griff zu bekommen. Das gängige Schlagwort dazu lautet: Selbstorganisation. Dort wollten wir hin. Aber wir kamen derweil ganz woanders an. Denn Selbstorganisation ist zunächst einmal etwas völlig Triviales. Schließlich organisiert sich jede Firma selbst. Den Unterschied, um den es uns eigentlich ging, markiert die formelle Hierarchie. Das bemerkten bald auch die Mitarbeiter.

Silke, eine langjährige Mitarbeiterin aus den Produktbereichen, erzählt uns, wie sie damals empfand:

Silke

Ich habe zuerst gedacht, die drehen durch. Da brachte der Juniorchef so ein Jüngelchen, das uns die Welt erklärt. Ein Theaterspiel für das Fußvolk, bis sie einen neuen Abteilungsleiter finden. Ich war überzeugt, Ralf wird's. Ich nahm an, er wollte, dass sie ihm noch ein wenig den Bauch pinseln, bevor er Ja sagt. Jetzt, vier Monate später, sitzen wir erneut hier. Vermutlich meinen sie es doch ernst.

Gebhard nehme ich langsam für voll. Genau wie unsere Probleme ist er geblieben. Er hält sein Wort: WIR entscheiden, ob und wie wir unsere Themen angehen. Sie unterstützen uns dann mit Methoden, Wissen usw. Handeln müssen wir. Das nervt. Denn plötzlich steht jeder mit seiner persönlichen Arbeitsweise im Zentrum der Aufmerksamkeit. Keine Kontrolle, sondern Sichtbarkeit.

Bisher war mir die Firma als Ganzes da reichlich egal. Das lag ja in der Verantwortung des technischen Leiters. Erst seit wir zusammen tagen, bekomme ich mit, wie viel Stress es etwa im Versand erzeugt, dass ich die Daten erst um neun Uhr zurückmelde. Da war mir sofort klar: Ich versuche ab jetzt, künftig um acht damit durch zu sein.

Auch für Stephan war die Hierarchiefreiheit gewöhnungsbedürftig:

Stephan

Gleich platz' ich! Gebhard lehnt seelenruhig an der Flipchart. Im Stuhlkreis sitzen die Kollegen aus Werkstatt und Logistik. Mir fehlt so langsam der Glaube, dass die Mitarbeiter bei unserem Vorhaben mitmachen wollen. Gerade behandeln wir das Thema Glaseinlagerung. Dazu ordnen wir die Lieferungen aus den Glaswerken unseren Aufträgen zu. Der Prozess prüft und bewegt die Scheiben und die dazugehörigen Papiere. Bisher machte das ein Arbeiter. Wäh-

rend einer Krankheit übernahmen die Aufgabe zwei Kollegen gemeinsam.

Nach den Eckdaten, die Gebhard auf die Flipchart schreibt, braucht einer alleine zweieinhalb Stunden. Zwei schaffen es in fünfundvierzig Minuten. Trotzdem will der bisher Verantwortliche hartnäckig am bestehenden Prozess festhalten. Und Gebhard? Der schlägt allen Ernstes vor, sie sollen den neuen Ablauf einfach mal probieren. Und finden sie es dann sinnvoller, zum gewohnten Vorgehen zurückzukehren, können sie es einfach tun. Ob das wirklich gut geht?

Der Leistungsträger Ralf, der sich Hoffnung auf die Teamleitung gemacht hatte, sah die Entwicklung sehr kritisch:

Ralf

So ein Schwachsinn! Der reinste Kindergarten. Eine Selbsthilfegruppe für offensichtlich beschränkte Mitarbeiter. Für jeden noch so kleinen Mist veranstalten wir ein Kaffeekränzchen zum Seelenheil der Unverstandenen. Zwei machens schneller und besser als einer. PUNKT. Da brauch ich doch keinen mehr verstehen. Womit verschwende ich hier nur meine Zeit. Manchen Kollegen muss man sagen können, dass der Rhein jetzt in die Schweiz fließt. Denen fehlt der Horizont. Und Stephan unterstützt den Beraterhampelmann mit seinem Dreck. Dabei seh ich genau, wie ihm ebenfalls der Kragen platzt.

Ich würde das komplett anders angehen. Hier fehlen klare Ansagen. Die ganze Firma geht den Bach runter. Wir warten, dass die Herde eigenständig anfängt, gut zu arbeiten. Das Zusammenspiel von Einfaltspinseln und Abseilern richtet uns bald zugrunde. Ich wollte eigentlich nicht Abteilungsleiter werden. So langsam seh ich allerdings kaum einen anderen Ausweg, als hier mal in Leitungsfunktion richtig durchzugreifen. Aber mir geben sie den Posten sicher nicht.

GRAS WÄCHST NICHT SCHNELLER, WENN MAN DARAN ZIEHT

Es dauerte Monate, bis die Mitarbeiter darauf vertrauten, dass wir ihnen tatsächlich ernsthaft die Verantwortung gaben. Dann begannen sie, zurückhaltend mitzumachen. Inzwischen kauften sie Maschinen in eigener Regie ein. Sie nahmen Einstellungen wie Entlassungen vor. Sie führten Mitarbeitergespräche. Sie verhandelten direkt mit Lieferanten. Das alles ohne Vorgesetzte.

Natürlich passierte wenig von heute auf morgen. Die Veränderungen tröpfelten vor sich hin. Genauso wie man bei leiblichen Kindern übersieht, dass sie wachsen, empfanden wir die kleinen Fortschritte schnell als Normalzustand. Erst der Blick von außen ließ uns bemerken, was sich vollzog.

Die Transformation lief bereits über zwei Jahre, da besuchten wir einen Kongress. Auf ihm tauschten wir uns erstmals seit Beginn außerhalb des Betriebs mit Dritten aus. Wir nahmen an der Konferenz teil, um Neues zu erfahren. Von jetzt auf gleich wurden wir zum zentralen Thema. Auch bei Gesprächen in den Pausen an den Stehtischen:

. . . .

Emily, eine Teilnehmerin der Konferenz:

Dann macht ihr also Selbstorganisation, so wie Bosch, die Allianz und Otto? Wie muss ich mir das als Führungskraft vorstellen?

Sie schaut neugierig auf Stephan, der gerade den Mund voll hat. Deshalb antwortet Gebhard:

Alle Firmen organisieren sich selbst. Mit tiefer oder flacher Hierarchie. Da unterscheidet sich Heiler kaum. Selbstorganisiert sein klingt nett, bleibt allerdings an der Oberfläche. Wir übertragen konsequent Kontrolle, Entscheidungsgewalt und die Verantwortung dafür ans Personal. Für die Vorgesetzten und die Untergebenen ist das ein völlig neues Verhältnis.

Stephan nippt noch am Wasserglas und ergänzt:

Mich zerriss es anfangs innerlich. Ich war ja gewohnt, Alternativen zu entwickeln, zu planen und den Mitarbeitern zu sagen, was zu tun ist. Jetzt bringen wir die Belegschaft ins Denken. Wir kommen in Gruppen zusammen. Die Teilnehmerinnen und Teilnehmer setzen sich mit unternehmerischen Fragestellungen auseinander. Sie überlegen, wägen ab und finden ihre Lösungen. Dazu drehen sie einige Schleifen. Da nur zuzuschauen, kann einen kirre machen.

Emilys Gabel sinkt langsam wieder auf den Teller. Sie schaut von Gebhard zu Stephan:

Ihr überlasst das den Angestellten? Ihr greift da nicht ein? Das gefährdet doch die ganze Firma?

Gebhard schluckt sein Grillgemüse hinunter und erwidert:

Wir greifen ein. Wir gestalten den Rahmen sowie das Vorgehen der Unterhaltung. Und wir bereiten ja die Sachverhalte auf. Sprich, wir geben ihnen möglichst viele Informationen rund um die zu lösenden Probleme. Mit stimmigen Methoden kommen sie bisher stets zu guten Lösungen. Häufig sogar zu besseren als die, die uns einfielen. Anfangs konnten wir in solchen Gruppen gerade mal eine Stunde am Stück arbeiten. Inzwischen veranstalten wir mit allen Bereichen halbtägige konzentrierte Arbeitsrunden.

Emily setzt zusammen mit uns nachdenklich ihr Essen fort. Nach einigen Bissen schaut sie wieder auf:

Also werden die Führungskräfte jetzt zu Moderatoren, die weichen Faktoren rücken in den Vordergrund. Mit den Diskussionen holen sie die Mitarbeiter ab. Klar, das verbessert natürlich ihre Entschlüsse. So ist es auch einfacher, zu steuern. Die Wahrscheinlichkeit steigt, erwünschte Resultate zu erzielen.

Gebhard und Stephan schütteln gleichzeitig den Kopf. Stephan antwortet:

Ganz und gar anders. Die Mitarbeiter beschließen, sie legen fest, was sie wie erreichen wollen. Wir geben ihnen die nötigen Informationen, um den Erfolg zu kontrollieren. Wir verzichten auf Chefs, die versuchen, ihre Entscheidungen zu verbessern und dann andere zu guten Ergebnissen hinzusteuern.

. . . .

Solche Gespräche halfen uns. Wir erkannten zum ersten Mal unsere Fortschritte. Darüber hinaus fiel uns die Distanz zwischen Heiler und gängigem Wirtschaften auf. In den Unterhaltungen suchten die Gesprächspartner stets nach Bekanntem. Trotzdem kamen wir auf keinen gemeinsamen Nenner. Mit den Wortwechseln entdeckten wir: Uns geht es nicht um Selbstorganisation, sondern um Selbststeuerung.

Endlich klare Sicht

Gebhard
Gerade komme ich aus dem Vorstellungsgespräch. Wie inzwischen üblich, saß der Bewerber vor seinen künftigen Kolleginnen und Kollegen. Diesmal sogar ohne Geschäftsführung. Mit Stephan und der Buchhaltung klärte das Team die benötigten sowie möglichen Ressourcen im Vorfeld. Der Interessent hatte von der Suche durch den Bekannten eines Beschäftigten erfahren und war überrascht,

vor vier Mitarbeitern zu sitzen. Er schien in einigen Momenten eine Führungskraft zu vermissen, die er gerne adressiert hätte. Beispielsweise beim Thema Gehalt.

Aber auch so passte im Gespräch alles weitgehend. Die Angestellten vereinbarten deshalb sofort Probearbeitstage. In zwei Wochen kommt er für drei Tage. An ihnen kann er erneut zeigen, ob er als Mensch wie fachlich die benötigten Aufgaben bewältigt. Anschließend entscheidet sein Team, ob sie ihm einen unbefristeten Vertrag mit Probezeit anbieten wollen.

Eineinhalb Jahre zuvor verlief so ein Prozess noch völlig anders. Nur die erweiterte Geschäftsleitung schrieb Stellengesuche aus, führte Bewerbungsgespräche und nahm Einstellungen vor. Bei Bedarf informierte sie sich im Vorfeld bei den Vorgesetzten über die notwendigen Kenntnisse. Allerdings ohne Verpflichtungen. Kamen Chef und Interessent menschlich miteinander klar, stiegen die Chancen, den Job zu bekommen. Probetage gab es keine, dafür eine Probezeit.

Die Belegschaft klammerte sich komplett aus den Personalfragen aus. Entdeckte man beispielsweise am Nachmittag einen Kollegen schlafend auf den Verpackungspaletten, war es das Problem des Geschäftsführers. Er hatte die Pfeife ja eingestellt.

Ein Zusammenhang zwischen Verkauf, anfallender Arbeit sowie eigenem Einkommen fehlte im gelebten Alltag. Mit dem Wegfall der formalen Hierarchie kam das Verständnis für Absatz, Umsatz und Aufwand ins Blickfeld aller Angestellten. Die Menschen begannen die bewusste Selbststeuerung in direkter Balance mit der fremdsteuernden Firmenumgebung. Folgende Bilder verdeutlichen den Unterschied:

Mark Lambertz, ein Experte für die Zusammenhänge in lebendigen Systemen, beschreibt Selbstorganisation als die Eigenschaft einer komplexen Organisation, in einer sich verändernden Umwelt zu

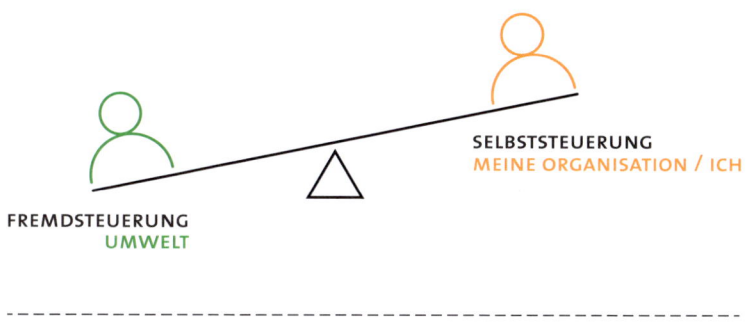

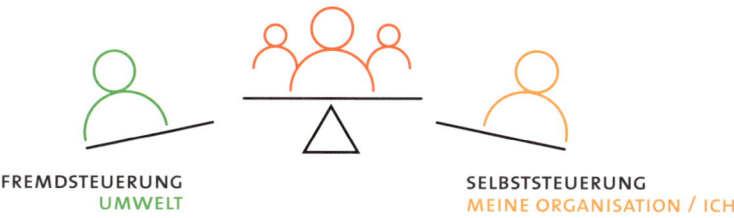

überleben[4]. So verstanden, organisiert sich jeder Betrieb in einem Wettbewerbsmarkt bereits heute selbst, auch mit bürokratischen Machtverhältnissen.

Wir sind konsequenter. Wir fordern Selbststeuerung ein. Die Beschäftigten entscheiden unmittelbar, wen sie einstellen. Sie beschließen genauso, wen sie entlassen. Sie übernehmen Verantwortung.

Mit ihren zunehmenden Erfahrungen steigt die Qualität ihrer Beschlüsse. Anstatt einer kleinen Gruppe von formalen und informellen Führungskräften fängt die komplette Firma an, zu ihrem eigenen Wohl zu wirken.

4   Misconceptions of Self-Organization; Im Blog der Unternehmensdemokraten; 7. November 2016; www.unternehmensdemokraten.de/misconceptions-of-self-organization

Eine vorgegebene Leitungsstruktur dagegen, wie die der geknickten Wippe, lässt den Auslöser aus dem Blickfeld der Mitarbeiter verschwinden. Mit der scheinbaren Leere entsteht Sorglosigkeit unterhalb der Führungskaste. Sie schwächt das Unternehmen in turbulenten Zeiten.

Neben den Anforderungen eines unübersichtlichen Marktes sehen sich die Führungskräfte zusätzlich mit einer lustlos gleichgültigen Belegschaft konfrontiert. Ein schier übermenschlicher Anspruch. Vor allem, seit wir erkennen, dass es die Menschen ohne Vorgesetzte besser machen.

DAS ENDE DER HIERARCHIE

Achtzehn Monate nachdem wir die Transformation begannen, zog ein Mieter aus einem der Firmengebäude aus. Heiler übernahm die Räume und wir stellten einfach nur eine Flipchart mit knapp zwanzig Stühlen hinein. Ein sehr guter Ort für den wachsenden Bedarf an Gesprächen. Die Organisationsentwicklung forderte regelmäßige Abstimmungsrunden zwischen dem Prokuristen und uns.

Armin sah vereinzelte Fortschritte bei Mitarbeitern. Dem Nutzen für den Betrieb als Ganzes stand er skeptisch gegenüber. Gerade seine persönliche Rolle konnte er zunehmend weniger greifen. Wir erinnern uns gut an eine Auseinandersetzung. Wir saßen verloren in einer Ecke des großen Besprechungsraums neben einem Fenster.

· · · · · · ·

Armin winkt ab:

Ja, ja, Hierarchie abschaffen. Das funktionierte noch nie. Das probierten schon ganz andere. Bisher scheiterten alle. Das Leben selbst

ist voll von Gegenbeweisen. Die Natur fußt auf Über- und Unterord-
nungen.

Im letzten Punkt geben wir ihm durchaus recht. Uns geht es um die Überwindung einer rein menschlichen Ausprägung von Hackordnung. Derjenigen, die nur auf dem Papier besteht. Wir stimmen Armin zu: kommen zwei zusammen, entsteht automatisch eine Rangordnung. Mehr noch. In Unterhaltungen positionieren wir uns sogar über beziehungsweise unter Dritten, die gar nicht am Gespräch teilnehmen[5].

Eine andere Hierarchie entsteht automatisch zwischen Prozessen, die voneinander abhängen. Die Umsetzer beispielsweise des Auftragsprozesses dominieren etwa die des IT-Supports. Eltern setzen ihren Kindern Grenzen. Es ist offensichtlich, Machtverhältnisse bestehen ständig, überall. Doch die Dominanzstrukturen in der Natur vergehen. Für sie gilt: Ein Hierarch, der seine Aufgaben ungenügend erfüllt, verliert die Position. Ohne Zögern, ohne Gnade.

Armin geht nach unseren Ausführungen süffisant in die Denkerpose:

Ihr wollt also Hierarchie gar nicht abschaffen? Da hab ich euch bisher komplett falsch verstanden?

Stephan zieht die Beine unter den Stuhl. Er richtet sich auf und die wachen Augen in Richtung Armin:

Wir trennen den Willen, etwas zu erreichen von der Vollmacht, ihn anderen aufzuzwingen. Das reduziert Machtmissbrauch in Kombination mit Unfähigkeit. Laut dem Peter Prinzip steigen Führungskräfte in der klassischen Pyramide so lange auf, bis sie maximal inkompetent sind. Trotzdem behalten sie ihre Weisungsbefugnis. Diese Art von Hierarchie schadet Unternehmen. Die wollen wir abschaffen!

---

5   *Klatsch und Tratsch; Robin Dunbar, 2000*

Jetzt springt Armin auf. Er geht einmal quer durch den Raum und ruft erregt:

Bezeichnet ihr mich gerade als kolossal inkompetent?

Wir beruhigen ihn mit einem klaren: *Nein!* Aber wir spiegeln ihm, dass wir ihn für überlastet halten. Die Wahrscheinlichkeit für Unvermögen steigt mit der zunehmenden Komplexität der Aufgabenstellungen in höheren Karrierestufen. Auch er erkennt an, dass es einige Themen gibt, bei denen wir alle drei überfordert sind. Trotzdem zeichnen er oder Stephan für sie allein verantwortlich.

Es scheint, dass festgeschriebene Hierarchien ein kostspieliges Sammelbecken für Unvermögen schaffen. Ihre Hauptdarsteller treffen über die Zeit kurzsichtige Strategieentscheidungen. Sie versagen wiederholt am Ausrollen struktureller Großprojekte. Sie stören detailversessen sauber fließende Alltagsabläufe. Und sie reagieren regelmäßig zu spät.

Armin legt einen Schwung spöttischer Ruhe in seine nächste Frage:

Ihr glaubt, ihr könnt die Machtmenschen abschaffen?

Stephan verschränkt die Arme:

Keine Sorge, uns ist klar, bei Heiler gibt es weiterhin Machtmenschen. Die Mehrheit der Kolleginnen und Kollegen lassen sie schalten und walten. Anders kann ich mir ein aktives Firmenleben schwer vorstellen.

Er dreht sich zum Fenster, macht eine Pause, kommt zurück in den Raum und fährt fort:

Ohne Positionsbeschreibung stehen wir allerdings dauernd unter Beobachtung. Machen wir jetzt Fehler, müssen wir eventuell sogar zurückrudern. Wie das funktioniert, erlebte ich gerade erst selbst. Letzte Woche kam Emilia direkt auf mich zu. Sie wollte ihre Stunden reduzieren. Irgendwas Privates. Ich konnte es nachvollziehen und stimmte zu.

Danach standen die Teamkollegen bei mir auf der Matte. Sie beschwerten sich über meine Zusage, da dadurch auf sie mehr Arbeitslast zukommt. Ich ruderte zurück, sprach erneut mit Emilia. Ich sagte ihr, dass sie das Thema mit ihrem Team ausmachen soll. Nur wenn das zustimmt, könne sie die Arbeitszeitänderung umsetzen.

Gebhard fällt Stephan ins Wort. Er dreht sich direkt zu Armin:

Bei dir ist das noch deutlicher. Fehlt das Papier, das deine Befugnis regelt, beurteilen die Kollegen im Nachhinein deinen Erfolg. Denkst du über dieses Urteil schon vor der Entscheidung nach, kannst du auch gleich die Menschen im Entscheiden mitnehmen.

Er schaut zu Stephan und ergänzt:

Wir finden das fair.

Man sieht Armin an: Gäbe es irgendeine Unsicherheit bei den anderen zu erkennen, jetzt würde er herzlich lachen. Stattdessen ringt sein Gesicht nach Fassung:

Ihr meint allen Ernstes, ich muss vor wichtigen Entschlüssen mindestens die Betroffenen einbeziehen?

Hört mal, warum sollen die es nicht einfach ohne mich machen? Ich sag euch, das blockiert den ganzen Laden. So nehmt ihr die Abkürzung zur völligen Handlungsunfähigkeit! Außerdem kann ich mich wohl schlecht in Luft auflösen, was bleibt mir da noch an Job zu tun?

Raus aus dem Teufelskreis

Mit der letzten Aussage traf Armin einen wunden Punkt. Das Ziel der Workshops mit den Mitarbeitern war, dass sie zu eigenständigen Urteilen kamen. Daraus handeln sie, frei von anordnender Führung. Verschwanden leitende Angestellte also von der Bildfläche? Wäre dieses Ziel überhaupt erreichbar? Sicher ist, für Anweisungen, strategische oder strukturelle Entscheidungen und zur Leistungskontrolle braucht es keine Führungskräfte.

Wir erfuhren allerdings, dass sich Teile der Belegschaft gegen deren Abschaffung ebenso wehren wie die Vorgesetzten selbst. Zum einen, um ihr Arbeitsleben ohne direkte Ergebnisverantwortung zu behalten. Zum anderen, weil es für sie ungewohnt ist, an Probleme lösungsorientiert heranzugehen, da ihnen eine lösungsorientierte Wahrnehmung für Probleme fehlt.

Oft bekamen wir einfach die Schwierigkeiten dargestellt. Aus verschiedensten Blickwinkeln. Legendär ist das Beispiel der Mülltrennung der Servicemitarbeiter. Am Standort sortiert die Firma die Abfälle sorgfältig. Wir wollen unseren besten Beitrag zu einer einwandfreien Müllverwertung leisten. Die Montagemitarbeiter brachten regelmäßig unterschiedlichste Verpackungen, Silikonreste, Kunststofffolien etc. in einem Karton zusammengeschnürt zurück und warfen sie in den Container für Folien. Bemerkte das der Entsorger, ließ er den Müllbehälter stehen, bis alles wieder sauber getrennt war. Das produzierte einen ständigen Konflikt zwischen der Werkstatt und dem Montageteam. Beide Seiten beklagten sich.

Jan, ein Monteur
Ich montiere oft auf engem Raum. Die Arbeit erzeugt viele Kleinteile. Plastikkappen, Silikontuben, Verpackungstütchen, Reinigungspapier, Holzunterleger, Bohrstaub etc. sind wegzuwerfen. Ich

will im Sinne des Kunden und der Produktivität zügig zu einem Ende kommen. Ich müsste für die verschiedenen Materialien passende Schachteln vor Ort bereithalten. Die Behälter wären neben dem Werkzeug wie dem Material auf die Baustelle zu tragen. Alternativ frickele ich bei der Rückkehr zum Servicefahrzeug den Kram mühselig auseinander. Das ist so rum wie andersrum eine Zumutung. Beim Einbau kann keiner von mir verlangen, den Müll auseinander zu halten.

Dirk, ein Werkstattmitarbeiter
Uns bleibt nur übrig, die Müllsorten zu sortieren. Sonst lässt uns der Entsorger den Abfall einfach auf dem Hof stehen. Das passiert regelmäßig. Mir ist egal, welchen Aufwand das den Kollegen auf Montage macht. Sie sind Verursacher, dann müssen sie auch trennen. PUNKT.

Die Positionen fuhren sich fest. Lösungen blieben aus. Beide Seiten verharrten trotzig auf ihrem Standpunkt. Sie erklärten die Gegenseite zumindest für uneinsichtig, verschiedentlich sogar für dumm. Für Armin war eine solche Situation ohne Chefs nicht lösbar, sie würde unweigerlich auf völlige Handlungsunfähigkeit hinauslaufen. Aber tatsächlich stimmt das genaue Gegenteil. Die Müllthematik fand mit mehreren technischen Leitern über Jahre hinweg keinen Ausweg. Erst als der Letzte ersatzlos ging, gab es endlich Bewegung.

Wir forderten die Mitarbeiter heraus. Wir sagten ihnen, dass von erwachsenen Menschen mehr zu erwarten ist als nur bockige Rechthaberei. Wir fragten, was zu einer Lösung fehlt. Zuerst passierte nichts. Dann kam der Einwand: Es fehlt uns Monteuren an Wissen, welche Müllsorten es überhaupt gibt! Daraufhin erklärte sich ein Monteur bereit, die Vorgaben des Entsorgers über Infotafeln den Müllcontainern zuzuordnen. So kam Betriebsamkeit in den Streit. Inzwischen gibt es überarbeitete Vereinbarungen mit den Müllfirmen. Einen Teil der Metallabfälle bekommen wir heute als Recyclingmaterial sogar abgekauft. Ganz ohne Verordnung von oben entstehen so tagtäglich gemeinsam praktikable Klärungen.

Mülltrennung auf Montage ist immer noch ein Thema. Allerdings ist es deutlich harmloser und konstruktiver als in den Zeiten, in denen technische Leiter versuchten, die Truppe via Anweisung zu disziplinieren. Durch diese Fortschritte ermutigt überlegten wir uns, ob man solche Erfolge auch systematisch erreichen kann. Eines Abends entdeckten wir, was es braucht.

Nichts mehr selbst zu Ende denken

Wir reflektieren den Stand des Veränderungsprozesses im Besprechungsraum. Draußen wird es bereits dunkel.

Gebhard fasst zusammen:

Ich finde, dass die Mitarbeiter mit Organen als neuer Bezeichnung für die Teams gut umgehen. Sie verstehen, dass wir in ihnen die Funktionen zusammenfassen. Ich glaube, wir haben inzwischen sämtliche Aufgaben und Kompetenzen gesammelt. Als Nächstes können wir anfangen zu diskutieren, wie wir die Teams zusammenstellen.

Stephan fällt ihm schmunzelnd ins Wort:

Reinhard vom Vertrieb ist dir einen Schritt voraus. Gestern rief er mich an. Er hat sich die Listen ebenfalls angeschaut. Daraufhin sprach er mit einigen Kolleginnen und Kollegen. Er fragte, ob sie in sein Team wollen. Sie stimmten zu. Dann meldete er sich bei mir. Er teilte mir mit, dass sie in fünf Wochen, nach dem Weihnachtsurlaub, als Organ beginnen. Jetzt kommst du!

Wir überlegen, wie wir mit dem Sachverhalt umgehen, ohne das Engagement von Reinhard im Keim zu ersticken. Schnell entstehen Erklärungen, warum er auf keinen Fall alleine mit einem Team starten kann. Die Mitarbeiter fehlen dadurch in ihren bisherigen Abteilungen. Es ist überhaupt unklar, in welchen Organen sich die restlichen zusammenfinden sollen. Auch Themen wie Urlaubs- und Krankheitsvertretung sind offen.

Die von Reinhard vorgeschlagene Teamgröße verlangt von den Mitgliedern eine pausenlose Präsenz. Wir diskutieren, wie Stephan ihm diese Blickwinkel konstruktiv nahebringt. Gebhard schlägt schließlich vor:

Anstatt sie von unseren Antworten zu überzeugen, stellen wir sie ihnen als Frage. Wir fragen Reinhard: Wie regelt ihr eure Vertretung? Welchen Teil der Produktpalette verkauft ihr? Wer sind eure Kunden? Welchen Teams sind die Übrigen zugeordnet? Was macht wer? Herauskommen können so nur sinnige Vorgehensweisen für die gesamte Firma. Anschließend setzen wir die um, für die sich die Betroffenen entscheiden.

· · · · · · ·

Bis heute gehen wir so vor. Statt uns fertige Auswege zu überlegen, zu denen wir die anderen überreden, suchen wir die zu berücksichtigenden Parameter. Dann erarbeiten wir ein Format, mit dem wir die Beteiligten einladen, eigene Ergebnisse zu entwickeln. Dabei kommen Lösungen heraus, die für sie gleichermaßen umsetzbar wie für alle sinnvoll sind. Daran anknüpfend einigen wir uns auf eine Lösung und verwirklichen. Wir bringen die Menschen ins Denken und schließlich auch ins Handeln.

Im beschriebenen Fall entwarfen wir eine große Tafel mit sieben Feldern. In jedem formulierten wir eine Frage. Waren alle beantwortet und mit Inhalten gefüllt, entstand eine gangbare Organisationsalternative. „Neue" Teams forderten wir auf, sich dieser Übersicht zu stellen. Bereits im Februar nach der Sitzung gab es verschiedene

Wahlmöglichkeiten. Auf einer Großgruppenveranstaltung entschieden die Beschäftigten, die täglich im Markt agieren, ihre künftige Aufbauorganisation. Es gab kaum Widerstände. Selbst als praktisch jeder an einen neuen Arbeitsplatz oder sogar Standort umziehen musste.

Solche Modelle, Konzepte sowie Methoden, nennen wir Denkwerkzeuge[6]. Durch die Vorbereitung entwickeln Teams bis hin zur gesamten Belegschaft sinnvolle wie praktikable Vorgehensweisen. Auch und gerade zu strukturellen wie strategischen Fragestellungen.

Es bildete sich eine Systematik heraus. Kunden, die Mitarbeiter oder auch Lieferanten zeigen ein Problem auf. Der übliche Geschäftsführungsreflex ist, Analyse, Lösungskonzept, Implementierung. Unser Vorgehen schert im Anschluss an die Überprüfung aus. Wir arbeiten daraufhin ein Verfahren aus, dass den Beteiligten ermöglicht, den Sachverhalt zu verstehen. Sie erarbeiten in ihrem Verständnis eigene Lösungen.

Es gibt so unter Umständen mehrere Optionen. Entsprechend ausgewählte Beschlussmethoden beziehen in diesen Fällen die Menschen mit ein. Sie entscheiden damit, welchen Weg sie gehen wollen. Anschließend unterstützen wir die Umsetzung. So nehmen wir Widerstände als konstruktive Entwicklungsmöglichkeiten der Vorschläge auf. Die Verwirklichung läuft dann fast reibungslos. Wir stecken also Energie in Konzepte, die andere passende Auswege finden lassen. Anstatt sie in Planungen zu vergeuden, die meist als Irrtümer enden. Daraus entstehen ernsthafte Wirkungen.

Ein Gesprächspartner auf der Konferenz hatte zu uns gesagt:

6   *Den Begriff kennen wir von Dr. Gerhard Wohland*

Zieht ihr all das Beschriebene konsequent durch, dann markiert der technische Leiter bestimmt nur den Anfang. Danach werden euch die Vorgesetzten noch scharenweise davonlaufen?

Er sollte in Teilen recht behalten. In den drei Jahren Transformation verließen uns die formellen Führungskräfte, die an ihrem traditionellen Rollenverständnis festhielten. Potenzialträger, die mehr Macht wollten, suchten die persönliche Entwicklung bei anderen Arbeitgebern. Das Ergebnis: ein Betrieb ohne formale Hierarchie.

Gebhard

Ich sitze in der Session „Wie können wir unser Unternehmen demokratisieren?" auf dem Enjoy Work Camp. Es geht um zukünftiges Arbeiten und Leben. Eine rege Diskussion füllt das Zimmer im Literaturhaus. Gerade sprechen wir über verschiedene Methoden, Mitarbeiter in Beschlüsse einzubeziehen. Ich schließe die Augen, um in mich hineinzuhören. Mein Gefühl sagt mir: Die Debatte läuft ins Leere. Schließlich platze ich in eine Redepause: „Die Methode ist doch zweitrangig. Ausschlaggebend ist die Konsequenz aus der Entscheidung. Sobald wir Kollegen in die Entscheidungsfindung einbeziehen, muss die Führung den Entschluss mit umsetzen. Ein nachträgliches Überstimmen ist ausgeschlossen!"
Kurzes Schweigen im Raum. Einige beginnen zu nicken. Andere schauen mich fragend an. Zwei Frauen aus dem HR einer großen Versicherungsgesellschaft leiten den Workshop. Sie stutzen einen Moment. Von ihrem Vorstand erhielten sie den Auftrag, Unternehmensdemokratie einzuführen. Eine kontert: „Unmöglich. Da können wir ja gleich aufhören weiterzureden. Du sprengst unsere Session. Die letztendliche Entscheidung bleibt ganz klar bei der Geschäftsführung."

4

Kein Grund zur Panik

Stephan

*Wie bei uns üblich, kam Franz mit dem Klopfen direkt ins Büro:
„Hast du 'ne Minute?"*

*Ich schaute lächelnd am Monitor vorbei: „Wenn du mich die Mail
fertig schreiben lässt?!"*

*Wartend lief er ein wenig herum und betrachtete die Bilder meiner
Töchter. Dann blickte ich auf. Ohne weiteren Kommentar legte er
mir einen Zettel auf den Schreibtisch – einen Urlaubsantrag.*

*Offensichtlich wollte er einen Brückentag nutzen, um mit drei Ur-
laubstagen eine ganze Woche freizubekommen. Eigentlich regelte
die Belegschaft schon seit einigen Monaten ihre Ferien untereinander. Für die Teams gab es Ganzjahreskalender. Jeder Mitarbeiter kennzeichnete mit einer eigenen Farbe seine freien Tage. Das
Ergebnis teilten sie der Personalbuchhaltung mit. So weit – so gut.
Ich ahnte den Konflikt. Sicherlich gab es andere Kollegen, mit dem
gleichen Anliegen. Doch warum um alles in der Welt kam er zu mir?*

*„Also, du willst Urlaub zur selben Zeit wie jemand anderer, richtig?"
Franz nickte.*

*Ich fuhr fort: „Der andere hat seine Tage schon vor dir eingetra-
gen?" Erneute wortlose Zustimmung.*

„Und warum kommst du damit zu mir?"

*Er zuckte mit den Schultern: „Du bist der letzte Vorgesetzte, der uns
geblieben ist!"*

Diese Begegnung machte uns bewusst, dass Stephan die letzte ver-
bliebene formale Führungskraft war. Gut ein Vierteljahr zuvor war
zuletzt der Prokurist gegangen. Mit ihm endete die Ära der Manager
bei Heiler.

Die Firma arbeitete nun schon eine nennenswerte Zeit lang auch
ohne Hierarchie gleichmäßig. Nicht, dass wir die Chefs an die frische
Luft gesetzt hatten. Einige verließen uns, weil sie in einer selbst-
gesteuerten Organisation keinen Platz mehr für sich fanden. Andere
sahen mit dieser Entwicklung das unausweichliche Ende des gan-

zen Unternehmens nahen. Nur ein Chef war absichtlich entlassen worden.

Am Tag des Urlaubsantrags erkannten wir: Wenn sämtliche Verantwortlichen beschließen, von heute auf morgen auszuscheiden, das Unternehmen funktioniert dennoch weiter. Dieser Erkenntnis gingen einige klärende Auseinandersetzungen voraus.

KOPFLOS DURCHS UNWETTER

Armin läuft aufgebracht im Besprechungszimmer auf und ab. Er will uns davon überzeugen, dass wir ohne Vorgesetzte im Chaos versinken:

Gerade im Sturm braucht ein Schiff einen Kapitän. Es gibt Fälle, die kann kein x-Beliebiger lösen.

Bei einem Kundenauftrag ist gerade alles danebengegangen. Armin hatte es für unverzichtbar gehalten, selbst vor Ort zu erscheinen:

In so einer Konstellation will der Auftraggeber einen Verantwortlichen sehen, keinen Handlanger!

Stephan fragt zweifelnd:

Was wäre passiert, wärst du im Urlaub gewesen?

Armin wirft die Hände in die Luft:

Dann hätten wir den Käufer und die zigtausend Euro Umsatz verloren, die an ihm dranhängen!

. . . .

Armin unterstrich seine Nervosität mit der nur ihm zugänglichen Gerüchteküche im Markt. Der Ruf des Unternehmens verschlechtere sich zunehmend. Leistungsträger wie er setzen in solchen Situation darauf, dass nur ihr persönliches Verhältnis mit der Kundschaft den Betrieb retten kann. Wir sahen das anders: Die Leistung der Belegschaft als Ganzes wurde im Kundenfeedback regelmäßig als gut anerkannt, die Reklamationsquote war seit Jahren stabil. Selten verlässt ein Käufer einen Lieferanten nach einer jahrelang guten Beziehung nur wegen einem einzelnen, unglücklich verlaufenen Auftrag.

Davon unabhängig sahen wir es angesichts der schieren Anzahl von Kunden als unrealistisch an, zu allen die von Armin beschriebenen innigen Beziehungen aufzubauen. Gewiss schätzten unsere gewerblichen Abnehmer bestimmte Ansprechpartner, schlussendlich zählte für sie aber die zuverlässige Abwicklung.

Wenn wir mit den Mitarbeitern so diskutierten, dann folgte regelmäßig das zentrale Führungsargument: Wie die Feuerwehr ihren Kommandanten braucht, um in Krisensituationen zu funktionieren, so ist auch das Unternehmen auf Führungskräfte angewiesen. Die treffen Entscheidungen, wenn es darauf ankommt. Dieses Argument begegnete uns aus unterschiedlichen Perspektiven:

Ralf
Verlassen wir uns auf die Entschlüsse der Belegschaft, sind wir verlassen! Die sehen doch nur ihren kleinen Ausschnitt des Prozesses. An das große Ganze denken die nie. Auch mit noch soviel Informationen haben sie schlicht jemanden nötig, der ihnen sagt, was sie damit anfangen sollen.

Jan
Ich will, dass man mir ansagt, wie es zu machen ist. Sobald wir alle nach der eigenen Pfeife tanzen, kommt nur Mist heraus. Da schaut

jeder auf seinen persönlichen Vorteil. Woher soll ich schon wissen, was richtig ist?

> > > > >

Genau genommen sprechen beide Aussagen den Menschen ihre Mündigkeit ab. Dieselben Personen fahren tagtäglich Auto oder erledigen ihre Einkäufe. Uns war klar, die Standpunkte erhalten einen allgemein anerkannten Zustand der Unselbstständigkeit.

KOMMANDOPFLICHT

Unser Ansatz basiert auf der Eigenständigkeit aller Beteiligten. Wir setzen auf Menschen, die reif genug sind, den Unternehmensalltag selbstständig zu meistern. Und bereit, sich in strukturelle und strategische Entwicklungen einzubringen. Dennoch stellten sich viele Mitarbeiter anfänglich dagegen. Zunächst fiel es uns schwer, das zu verstehen. Dann erkannten wir: Sie vertrauten auf einen Schlagmann.

Mehr noch als im Alltag, wünschen sie sich in Krisen, dass ein anderer das Ruder und damit die Verfügungsgewalt in die Hand nimmt. Bei vorhersehbaren Krisenszenarien klappt das sogar. So übt die Feuerwehr ihren Einsatz Tausende Male. Brennt es, sitzen die Handgriffe. Der Kommandant ordnet mit den Befehlen nur die Ausführungsreihenfolge.

Genauso in den weiteren typischen Beispielen für die Unabdingbarkeit von Hierarchie: Der Kapitän peitscht die Mannschaft gegen den Sturm. Die Matrosen trainierten jahrelang für ihren Dienst. Ein General befehlt die Truppe in die Schlacht. Der Sergeant legte mit dem Drill in der Ausbildung den Grundstein dafür. Rangordnungen garantieren den Erfolg in Notlagen. Allerdings nur unter bestimmten Voraussetzungen:

- Jede/r Einzelne kennt seine Praktiken aus dem Effeff

- Alle kennen jede Anweisung und verstehen sie gleich

- Jede/r hält sich exakt an die Anordnungen von oben

- Niemand außer der Führung denkt unabhängig

- Die Krisensituation ist vertraut

Wer mit Hierarchie erfolgreich durch Krisen kommen will, muss alle diese Punkte einhalten. Wir aber sahen keine der Bedingungen bei uns als gegeben. Noch viel weniger in Kombination. Firmen streben gleichmäßige Standard-Prozesse an. Störungen, wie Sonderwünsche der Kunden, sind da Gift. Bei Heiler entsprechen sämtliche Aufträge Extrawünschen. Wir reden ja von individuellen Glaslösungen. Kaum zwei Installationen stimmen überein.

Bei solchen Voraussetzungen erwartet auch der Feuerwehrkommandant keinen disziplinierten Krisenarbeitsmodus. Es fehlen die allseits bekannten Anweisungen. Schon zwischen den Regionen gibt es abweichende Bezeichnungen. Hielte man sich präzise an die Anordnungen von „oben", gäbe es selten eine gelungene Montage. Einzelne Prozessschritte wie Aufmaß, Konstruktion und Glaseinkauf verlangen spezifisches Fachwissen.

Es hat deshalb Sinn, dass unsere Mitarbeiter mitdenken. Selbstverständlich erwarten wir ein stimmiges Ergebnis. Zur Prüfung erfassen wir dafür die Reklamationen. Sich einzig danach zu richten, was eine Führungskraft ansagt, ist bei uns weltfremd.

Zu guter Letzt findet sich die Firma seit einigen Jahren wiederholt in für sie unbekannten Krisenszenarien. Eine routinierte Krisenbewältigung zu erwarten ist da unrealistisch. Dennoch fordert die Belegschaft das bis heute immer wieder ein. Und das, obwohl sich mit dem Weggang des Prokuristen etwas veränderte: Die Menschen übernahmen Verantwortung.

Alltag gelingt

Sophia, eine Mitarbeiterin
Das war vielleicht eine Nummer. Der Typ erschien mir gleich komisch. Er kam gestern zum Probearbeiten. Über den Tag lief es einigermaßen. Dann, vor dem Gehen, der große Knall. Er verlangt von mir Reisegeld und Lohnausgleich. Völlig ahnungslos, wie er dazu kommt. Das wollte bisher niemand.
Na ja, da es keine Vorgesetzten mehr gibt, musste ich mir eben was überlegen. Ich ließ mir seine kompletten Daten geben und erklärte ihm, dass ich mich informiere und bei ihm melde. So telefonierte ich nachfolgend mit dem Firmenanwalt.
Er sagte mir, dass wir als Firma tatsächlich zu diesen Zahlungen verpflichtet sind. Allerdings bittet darum kaum ein Bewerber. Außerdem braucht es für Probetage einen besonderen Vertrag, den er mir anschließend zuschickte. Gerade schreibe ich eine E-Mail an alle, erkläre die Angelegenheit und hänge das Dokument mit an.

Sophia zeigte uns, wie gut eigenverantwortliches Handeln funktioniert. Wir erkannten: Fehlen die formalen Führungskräfte, müssen sich die Mitarbeiter entscheiden. Stehe ich zum Unternehmen? Benutze ich meinen Kopf? Stelle ich mich den Vorfällen?

Für uns steht es außer Frage, dass sie dazu fähig sind. Wie gut sie für die Firma mitdenken können, hängt mit der persönlichen Biografie zusammen. Eigenständigkeit baut auf Übung. Wir werden geboren und lernen zu laufen, zu reden, zu rechnen etc. All das ist von Beginn an in uns angelegt. Wie wir uns darin entwickeln, ist verbunden mit dem, was die Umwelt von uns erwartet.

Ähnlich verhält es sich mit der Selbstständigkeit. Je früher jemand anfängt, sie in Gesellschaft zu üben, umso einfacher fällt es ihm, in einem selbstorganisierten Unternehmen klarzukommen. Ein Arbeitsleben, das aktiv darauf zählt, bildet auch die Fertigkeit Zug um Zug (weiter) aus. Besonders spannend ist die Erkenntnis, dass es davon mehr gibt, als wir dachten.

Stephan (ungefähr zwei Jahre nach Beginn des Veränderungsprozesses)
Mir ist unklar, ob und wie viele sich entschließen, die Interessen des Betriebs in die eigenen Überlegungen einzubeziehen. Manch ein Aktivposten zieht es zurzeit vor, uns zu verlassen. Ich sehe, dass es praktisch jedes Mal hinter ihnen schon einen Kollegen gibt, der die Lücke füllt. Wie sich herausstellt, häufig mit Einfällen, die die Firma nach vorne bringen.
Inzwischen bewerben sich Entscheidungsträger von anderen Arbeitgebern bei uns. Sie haben genug von den politischen Spielchen dort. Ständige Intrigen zehren an ihren Nerven. Sie sind es leid, schlechte Konzepte von selbstzufriedenen Vorgesetzten zur Umsetzung anzuweisen. Sie sehnen sich danach, mit Teamkollegen auf Augenhöhe zu arbeiten. Probleme zu lösen, anstatt sie wie den Schwarzen Peter zwischen den Kästchen im Organigramm zu verschieben.

Wir sahen, dass es ausreichend Menschen gibt, die eigenständig arbeiten. Der Firmenalltag geschieht. Ohne formale Hierarchie. Chaos bleibt aus. Natürlich tauchten regelmäßig Komplikationen auf. Doch die hatte es auch vorher mit Chefs gegeben. Die Prozesse geben den Takt. Die bestehenden Absprachen halten die Firma am Laufen.

Wir stellten fest: Moderne betriebswirtschaftliche Verwaltungssysteme wie ein ERP automatisieren zunehmend die Arbeit der

Führungsmannschaft. Neben Steuerung und Kontrolle braucht es noch mehr.

VERANTWORTUNGSFRUST

Im zweiten Jahr der Veränderung überschlugen sich die Ereignisse. Die Führungskräfte waren weg. Daran anschließend wurde die zur Firmenfamilie gehörende Glasproduktion zahlungsunfähig. Alles lief aus dem Ruder. Außerhalb von Heiler unkten die Wettbewerber, dass unsere Tage ebenfalls gezählt wären. Die Nervosität der Belegschaft stieg. Bei diesem Stand der Dinge wünschten sich die Angestellten jemanden, der ihnen die Unsicherheit abnahm.

Pascal, ein Mitarbeiter aus der Auftragsabwicklung
Ehrlich, ich vermisse die Vorgesetzten. Ich muss ständig etwas entscheiden. Das ist unangenehm. Klar, beim Urlaub oder sollte ich mal früher heimwollen, ist es top. Mit den direkten Kollegen einigt man sich da schnell und unkompliziert.
Doch immer, wenn die Firma im Vordergrund steht, geht es mir auf die Nerven. Schlimm ist es, seit der Glasproduzent schwächelt. Umso mehr, da es die Schwesterfirma ist. Wir können kaum woanders kaufen. Dabei sieht ein Blinder mit Krückstock, die sind bald weg vom Fenster. Ständig kommt es zu Reklamationen. Ich verschiebe drei von vier Montageterminen, weil die das Glas verbummeln. Dahinter steht jedes Mal ein ärgerlicher Kunde. Die Mitarbeiter aus den anderen Bereichen unterstützen mich auch nur so lala. Oft genug lassen sie einen einfach hängen.
Vor der Transformation kümmerten sich die Chefs um so was. Damals schaltete ich ab, sobald ich den Laden verließ. Jetzt liegt die gesamte Verantwortung bei uns. Keine Ahnung, wie es den Übrigen geht, ich nehm das mit nach Hause.

> > > > >

Anderen Mitarbeitern ging die Krise noch stärker an die Nieren.

> > > > >

Stephan nach einem Mitarbeitergespräch
Die Kollegin kam emotional aufgelöst zu mir. Sie eröffnete mir ihre Kündigung. Inzwischen schlief sie wegen des Zustands der Firma jede Nacht schlecht. Sie wollte keine Insolvenz mehr mitmachen. Das passierte ihr bereits bei einem früheren Arbeitgeber.
Sie versicherte mir: Einmal im Leben sei genug. Ich zeigte ihr daraufhin die Zahlen. Ich bestätigte ihr, dass wir um die Schwierigkeiten im Markt wissen. Ich erklärte ihr unsere Anstrengungen und wie positiv sie wirkten. Sie verlässt uns trotzdem. Sie ist überzeugt, dass ein Betrieb ohne Führungskräfte an einer solchen Krise scheitert. Das ist ihr einfach zu viel.

ALLES AUF EINMAL

Viele der Angestellten fühlen sich mit dem Unternehmen verbunden. Ein Grund dafür: Wer fragt, dem wird geholfen. Das ist gewiss eine der zentralen Zutaten zum freundlichen Firmenklima. Wie wir feststellten, war es auch ein bedeutender Inhalt der Führungskultur. Bei zu hoher Auftragslast kam die Geschäftsführung am Wochenende rein zum Konstruieren. Um verzwickte Reklamationen kümmerten sich die leitenden Beschäftigten.

Derartige Gegebenheiten gab es weiterhin, nachdem die Chefs verschwanden. Mit dem Zusammenbruch des wichtigen Lieferanten sogar vermehrt. Jetzt trafen sie allerdings ungefiltert auf die Arbeitsebene. Wir erlebten damals regelmäßig Gespräche wie dieses:

. . . .

Dirk aus der Werkstatt läuft aufgebracht im Raum auf und ab.

Das könnt ihr von uns nicht verlangen! Wir stellen die Aufträge zusammen, kürzen die Profile, machen den Glaseingang, richten alles auf den Lagerplätzen her. Das muss reichen. Für das Drumherum soll jemand anderes sorgen. Wollt ihr ernsthaft, dass ich fünfmal am Tag beim Produzenten nachfrage, ob das Material wirklich wie versprochen kommt? Ist das mein Job? Früher klärte Martin so was. Jetzt hängt der Mist an uns.

Stephan beschwichtigt ihn.

Wir verstehen dich. Zurzeit ist es viel ...

Dirk fällt ihm ins Wort:

Zurzeit?! Wir reden inzwischen von Monaten. Und keine Besserung in Sicht.

Die Frustration steigt weiter, als Gebhard sagt:

Solange es keinen Vorschlag gibt, was wir ändern können, bleibt es so. Also was würdest du konkret verbessern?

· · · · · · ·

Die Unzufriedenheit nahm überall zu. Die Umstände belasteten etliche bis an ihre Grenzen. Die Mitarbeiter zweifelten, ob wir ihnen tatsächlich die Verantwortung überließen. Sie zweifelten ebenso an sich selbst: War es wirklich richtig, dass die Veränderungshoheit für Prozesse nun bei ihnen lag? Was, wenn es deshalb schlimmer käme? Einige weigerten sich strikt, zuständig zu sein. Unsere Überzeugung war, dass mündige Erwachsene auch in ihrem Arbeitsleben wirken wollen. Aber die Festigkeit dieser Überzeugung wankte zuweilen. In diese Bedenken hinein überzeugten uns Mitarbeiter mit Ernsthaftigkeit.

> > > > >

Gebhard

Ich sitze zusammen mit den Servicekräften. Die Monteure beklagen sich, dass der Innendienst sie schlecht disponiert. Mal gibt es viel zu wenig Zeit für den Aufbau. Mal ist man bereits zur Hälfte des geplanten Zeitraums fertig. Im Gespräch stellt sich heraus, dass unzureichende Informationen von den Aufmessern kommen, die am Anfang des Verkaufsprozesses die technischen Beratungsgespräche mit den Kunden übernehmen.

Ohne weitere Diskussionen analysiert die Gruppe den Montageprozess. Die Monteure legen ihre Arbeitsweise komplett offen. Wir leiten Parameter ab. In den kommenden Tagen baue ich daraus eine mobile App, mit der die Aufmesser die Montagezeit pro Auftrag individuell nach dem gerade erarbeiteten Verständnis ermitteln.

Ohne Vorgesetzte richten sich die von uns moderierten Besprechungen auf Ziele. Dauerdiskussionen bleiben aus. Die Teilnehmer entwickeln sofort die notwendigen Voraussetzungen und setzen direkt um. Eigenverantwortliche Menschen erkennen Chancen und handeln umgehend. Klingt wie aus dem Lehrbuch für Selbststeuerung? Keine Sorge, so sauber passiert es selten. Dennoch zeigen uns diese Augenblicke, dass es funktioniert. Wie wir dieses Ideal stabil erreichen, beschäftigt uns bis heute.

VERSCHLIMMHELFEN

Stephan

Eines Tages fällt mir auf, dass unser Bestand an unbezahlten, berechneten Belegen doppelt so hoch ist wie üblich. Es stellt sich heraus, dass bei einigen vergessen wurde, sie als bezahlt zu markieren. Etliche warten allerdings einfach darauf, dass sie jemand verschickt. Mit der Erkenntnis gehe ich zur Auftragsabwicklung und treffe Sophia. Ich erkläre ihr den Zusammenhang. Sie ant-

wortet mir in genervtem Tonfall: „Dann machen wir das halt auch noch." Ich bin kurz vorm Platzen und fahre sie an: „Ja, besser wär's. Wir reden hier über maximal eine viertel Stunde pro Woche. Die sollte schon drin sein."

> > > > >

Einen Moment waren beide fassungslos. Sophia wegen der Forderung, noch mehr zu tun. Und Stephan wegen ihrem Unverständnis um die wirtschaftliche Bedeutung. Stephan ging das auf die Nerven. Am liebsten wollte er in dieser Situation künftig immer selber prüfen. Sei es nur, um der Reaktion von Sophia auszuweichen. Doch das konnte kaum die Lösung sein. Es stellte sich die Frage, wie wir erkennen, wann es sich lohnt, hartnäckig zu sein? Dazu lernten wir, helfen von unterstützen zu unterscheiden.

Helfen bedeutet für uns, dass einer die Arbeit für jemand anderen macht. Im Gegensatz dazu unterstützen wir dadurch, dass wir unserem Gegenüber beibringen, eigenständig umzusetzen. Helfen entlastet im Moment. Allerdings nur durch Lastverschiebung. Unterstützung schafft das dauerhaft durch Lastverteilung.

Die Schwierigkeit mit hilfsbereiten Mitarbeitern ist: Sie übernehmen aufgrund ihrer Art schrittweise ständig mehr Tätigkeiten. Das fühlt sich anfangs gut an. Im weiteren Verlauf aber wächst bei ihnen ein Gefühl der Ungerechtigkeit. Ihr Problem: Sie haben die Aufgaben ja freiwillig akzeptiert. Da können sie sich später schlecht über die Last beschweren. Und dann erwarten sie auch noch, dass ihre Kollegen sich ebenso hilfsbereit verhalten. Erkennen sie das Gegenteil, sitzt der Schock tief.

Für die Organisation bedeutet das, dass zunehmend eine Minderheit an Menschen die Mehrheit der Arbeit übernimmt. In vielen Firmen korrigieren die Chefs dieses Ungleichgewicht regelmäßig. Entweder indem sie Belastungen neu zuweisen oder indem sie sie auf sich nehmen.

Fehlen die Vorgesetzten, braucht es bei Angestellten das Verständnis, Hilfe von Unterstützung zu unterscheiden. Gelingt das, lösen Kompetenzen wie Geduld, Zurückhaltung, Bestimmtheit und die Fähigkeit, im richtigen Zusammenhang Nein sagen zu können, die Problematik der falsch verteilten Arbeitslast. Der Weg dahin ist oft anstrengend.

Ella, eine Leistungsträgerin
Ich flipp' gleich aus. Ich weiß ja, wie wenig es bringt, wenn ich die Sachen selber mache. Aber es ginge einfach schneller. Gerade saß ich wieder mal neben Ralf. Er will sich ja seit über einem Monat in unser ERP einarbeiten. Noch immer hängt er daran, einen Auftrag überhaupt anzulegen. Er findet die Eingabefelder auf der Maske nicht. Zugegeben, das Programm ist unübersichtlich.
Doch nach Wochen der Übung blickt er gerade mal, wie man den richtigen Bildschirm aufruft. Erwarte ich zu viel? Ich erstelle ihm jetzt einen Bildschirmausdruck. Darauf markiere ich die Felder. Vielleicht fruchtet das ja.

> > > > >

Ellas Beispiel zeigt unsere Herausforderungen im Kleinen. Wir wiederholen strukturell ständig dieselben Gespräche. Manchmal fühlen wir uns wie Bill Murray im Film „Und täglich grüßt das Murmeltier"[7]. Es fällt schwer, die immer gleichen Gewohnheiten zu ändern. Sich Neues anzueignen, macht unbeholfen.

Ralf war geübt im direkten persönlichen Umgang mit Kunden. Er führte üblicherweise technische Beratungen durch. Die Gesprächsergebnisse im ERP zu dokumentieren, fiel ihm ungleich schwerer. Es verlangte von ihm, die richtigen Eingabefelder zu finden. Die korrekten Bezeichnungen auszuwählen. Die stimmige Kombination aus Maus und Tastatur zu kennen. Das alles im Wissen: Mit einem Feh-

---

7   *Und täglich grüßt das Murmeltier; Sony Pictures Home Entertainment; 1993*

ler versaue ich unter Umständen den ganzen Auftrag. Dabei ging es hier nur um eine kleine Kompetenzerweiterung eines einzelnen Mitarbeiters.

Mittragen

Wir organisierten den gesamten Betrieb in funktionsübergreifende Teams um. Das forderte von allen, ihre Kenntnisse zu erweitern. Gerade so wie Ralf kannte jeder Werkstattmitarbeiter früher beispielsweise nur eine Station. Heute bearbeiten alle verschiedene Stationen. Die vorhandenen Sitten wandelten wir, indem wir die bestehenden Strukturen laufend aufbrachen. Anstatt Prozessveränderungen von oben einzuführen, erarbeiten wir sie mit den Beteiligten.

Wir hörten auf, den Menschen vorzuführen, wie man eine Tätigkeit ausübte. Stattdessen verlangten wir es von ihnen. Sie lernten zu lernen. War der Erfolg anfangs kaum spürbar, gelangen im Verlauf Dinge, die wir vorher für unmöglich gehalten hatten. Einmal kam Stephan völlig überrascht aus einer Teamsitzung.

Stephan
Ich wollte mit den Kolleginnen und Kollegen den aktuellen Stand der Erweiterung ihrer Kompetenzen besprechen. Eine zähe Angelegenheit. Bisher diskutierten wir in der Runde die Unwägbarkeiten. Sei es die fehlende Zeit oder die unübersichtliche Software. Stets aufs Neue sprachen wir die Vorteile durch. Etwa wenn alle einander vertreten können. Wenn die Kunden Ansprechpartner antreffen, die den gesamten Auftragsverlauf kennen, usw.
Auch dieses Mal erwartete ich die übliche mühsame Auseinandersetzung. Weit gefehlt. Sie kamen vorbereitet zum Gespräch. Ein paar hatten zwischenzeitlich nachgedacht. Sie brachten Vorschläge

mit. So debattierten wir heute, wie wir die Schwierigkeiten über-
winden. So macht Verändern Spaß.

> > > > >

Gebhard durchdachte unsere Erfahrungen. Er leitete davon regelmäßig ab, worauf wir unser Augenmerk richten sollten. Fehlen formale Vorgesetzte, hilft es, wenn wir uns folgende Punkte immer
wieder klarmachen:

• Wo es uns gelingt, die Arbeit verhältnismäßig über die Belegschaft zu verteilen, bilden sich gesunde Arbeitsbeziehungen.

• Menschen sind fähig, aus sich heraus zu lernen. Wecken wir ihre
Lernbereitschaft, stärkt sie sie im Umgang mit Veränderungen.

• Eigene Gedanken öffnen den Raum für gemeinsame Lösungen.
Setzen wir Rahmen, die ihnen diesen Platz geben, entstehen Auswege, die alle gemeinsam tragen, anstatt nur einige wenige.

• Gesellen sich zu diesen Punkten verlässliche Strukturen hinzu,
wie etwa durch ein ERP-System, tritt Stabilität ein.

Das Ergebnis: Der Laden läuft.

Automatisch managen

Wie der letzte Aufzählungspunkt andeutet, erkannten wir während
der Transformation die Bedeutung einer durchgängigen Dokumen-
tation. Sie gibt Halt. Wir suchten einen passenden Technologie-An-
bieter. Bei der Präsentation erklärten wir den Kandidaten die Zusammenhänge der Organisation. Sie sollten uns ihre Lösungswege
zeigen. Wir erinnern uns noch gut an eine Unterhaltung.

· · · · · · ·

Der erstaunte Vertriebsmitarbeiter eines Anbieters:

Sie wünschen sich, dass die Mitarbeiter gleichermaßen in wirtschaftliche Zahlen schauen?

Martin, ein Heiler-Angestellter, der sich um Controlling kümmert:

Ja, sonst können sie ja kaum eigenständig kluge kaufmännische Entscheidungen treffen.

Gebhard:

Mehr, wir wollen automatische Berechnungen anstellen. Die Kollegen sollen sinnvolle Zusammenhänge erkennen. Wir stellen uns so etwas wie einen Kassensturz in einem Kiosk vor.

Die Augen des Außendienstlers weiten sich.

Sie möchten ein Berichtswesen an die Belegschaft, wie es wenige Geschäftsführungen fordern. In Kombination mit dem bisher Besprochenen frage ich mich: Brauchen Sie überhaupt noch Führungskräfte?

Es überraschte ihn, als wir das verneinten.

· · · · · · ·

Mit der Mischung aus vorhandenen Strukturen, gesunden Beziehungen und Lernbereitschaft meisterten die Mitarbeiterinnen und Mitarbeiter den Firmenalltag. Sie kamen erst ins Straucheln, als sich Grundlegendes änderte. So erlebten wir den Zusammenbruch des Hauptglaslieferanten. Zeitgleich realisierten wir, dass der Markt für Glasduschen gesättigt ist.

Damit begann das für einen konsolidierten Markt typische Hauen und Stechen unter den Konkurrenten. Das bedeutete auf einmal für das ganze Unternehmen strukturelle und strategische Herausforderungen, die jede Organisation ohne formale Hierarchie an ihre Grenzen führen. Hierfür fehlte uns noch eine stabilisierende Zutat.

· · · · · · ·

Stephan sitzt mit Gebhard im Bistro eines Feinkostmarktes im Zentrum Stuttgarts. Sie kommen gerade von einem Termin bei einer Unternehmensberatung. Deren Fachgebiet ist das Vermeiden und Lösen von wirtschaftlichen Krisen.

Gebhard nippt an seinem Getränk.

Jetzt kennen wir die klassische Sanierungsstrategie. Controlling einführen, Erfolg planen, Budgets verteilen, Kredite aufnehmen und über klare Hierarchie hart durchgreifen. Die Banken wollen es sehen. Die Jungs von eben bekommen es sicherlich genauso hin. Für sie ist es Alltag. Allerdings bin ich dafür der Falsche.

Stephan schaut an ihm vorbei auf die Schlange an der Kasse:

Mit verschiedenen Punkten liegen sie dennoch richtig. Wir wissen viel zu wenig von den kaufmännischen Zusammenhängen. Die Mitarbeiter nicht mal das. Kein Anflug von Systematik. Unser Zahlenwerk ist wie mit einem Jumbojet ohne Radar durch eine Nebelwand fliegen. Nach dem Motto: Wird schon klappen. Kann man machen, ist aber nicht gerade clever.

Gebhard fängt seinen Blick ein:

Da hast du recht. Dann ist es klug, jetzt umzulenken. Unsere Veränderungen sind noch nicht tiefgreifend genug. Wir müssen noch mehr in die Struktur eingreifen.

Stephan verengt die Augen:

Was müssten wir denn tun, um es ohne die klassische BWL-Methode von Zuckerbrot und Peitsche, Anreizung und Bestrafung zu schaffen?

JEMAND,

DER SICH KÜMMERT

Stephan und Gebhard schwirrt der Kopf. Sie sitzen zusammen im Auto auf der Rückfahrt von ihrer Facilitator-Ausbildung[8] in Mainz. In den vergangenen beiden Tagen arbeiteten sie über zwanzig Methoden durch. Aus den Lautsprechern begrüßt der Kabarettist Matthias Egersdörfer seine Gäste. Die Reisenden hören eine halbe Stunde zu. Zeitweise lachen sie Tränen. Schließlich reduziert Stephan die Lautstärke und bläht ein wenig die Backen:

Der Kurs war anstrengend. Aber jetzt verstehe ich besser, was es bedeutet, die anderen zu begleiten. Kenne Verfahren, um Entscheidungen in der Gruppe zu ermöglichen. Kann mir ausmalen, einen Rahmen für Konfliktlösungen aufzuspannen. Weiß, wie ich Wissensaustausch organisiere. Erkenne und berücksichtige den Entwicklungsgrad des Teams ...

Gebhard schaut auf die vorbeihuschenden Bäume:

Ja, beeindruckend, wie man das alles in ein zweitägiges Seminar packt.

Stephan sagt lächelnd:

So viel es auch war, ist es ja nur ein Teil dessen, was es braucht. Mir fehlte beispielsweise die Psychologie, das Gruppenverhalten, die unternehmerischen Fragestellungen, so was wie der Umgang mit Risiken und Vertrauensbrüchen. Es geht nicht um Weisungsbefugnis, die ist wirklich unnötig, aber es geht um Koordination. Und noch mehr, irgendwoher brauchen die Leute ja auch Informationen, auf die sie sich verlassen können. So gut es ist, sich darauf zu konzentrieren, den Prozess zu begleiten, ausreichend ist es nicht.

· · · · · · ·

8   *Facilitation – an Art, Science, Skill or all three? Tony Mann; RP Publishing House 2008*

Die Unterhaltung auf dieser Rückfahrt vom Seminar machte uns klar: Im Zentrum einer Organisation wachsen mit zunehmender Dezentralisierung der Firma blinde Flecken. Es braucht Menschen, die sich kümmern, wie die Fäden im Kern zusammenlaufen. Ohne formales Führungsrecht sollten sie in den Facilitator-Techniken geschult sein. Sonst steigt das Risiko, etwas Lebenswichtiges zu übersehen oder, noch schlimmer, es zu sehen aber handlungsunfähig zuschauen zu müssen, wie die Organisation daran scheitert. So könnte beispielsweise die Zugkraft am Rand den ganzen Betrieb zerreißen. Stephan erinnerte sich an die Begegnung mit einem Mitarbeiter.

ENTDECKERGEIST

Stephan sitzt mit Urs, einem Außendienstmitarbeiter, im Büro. Durch die große Glastrennwand sieht er die Innendienstler eifrig arbeiten. Er zeigt auf die Tabelle der Umsatzentwicklungen.

Schau mal, du baust jetzt seit zwei Jahren dein Gebiet aus. Vom vereinbarten Umsatzwachstum ist aber noch nichts zu sehen.

Urs schaut Stephan direkt an:

Vor der Ernte muss man säen. Ich meine, zuerst steckt man Geld rein, dann kommt was raus. Im Moment baue ich Beziehungen zu den Kunden auf.

Stephan hakt ein.

Und wie machst du das?

Urs ist in seinem Element:

Dafür schenke ich einem potenziellen Kunden zum Beispiel auch mal eine Ausstellungsdusche …
Das machen die Wettbewerber genauso.

Stephan öffnet eine weitere Tabelle:

Vor einigen Wochen kalkulierten wir je nach Kundengruppe, was derzeit im Schnitt an einem Auftrag hängen bleibt. Weißt du, wie viel Duschen dieser Kunde bei uns derzeit kaufen muss, bis dein Beziehungsgeschenk wieder drin ist?

Urs schüttelt ratlos den Kopf. Stephan fragt weiter:

Über welche Zahl von Installationen habt ihr denn pro Jahr gesprochen?

Urs' Gesicht erhellt sich. Darauf hat er gewartet:

Bis Jahresende starten wir mit der Ausstellungsdusche. Klappt das, kommen noch zwei dazu. Ab dann pro Jahr so drei bis fünf.

Stephan rechnet vor:

Mit den vereinbarten Rabattsätzen verdienen wir ab dem vierten Jahr Geld mit ihm. Wenn alles glatt läuft. Bei der ersten Reklamation verlängert sich die Zeitspanne. Hast du irgendeine verlässliche Vereinbarung, dass er sich an die Absprache hält?

Urs schaut von den Zahlen auf Stephan und zurück. Offensichtlich rechnet er nach. Schließlich blickt er entschlossen auf.

Stimmt das? Wir sollten schleunigst jedem im Verkauf die Info zukommen lassen! Berücksichtigen wir das nicht in unseren Abschlüssen, fliegt uns der Laden in den kommenden Jahren um die Ohren.

. . . .

Die Unterhaltung verdeutlicht, wie notwendig gerade bei einem Verzicht auf formale Führung eine zentrale Koordination ist. Ohne die Informationen, die im Zentrum der Firma zusammenlaufen, fällt es Urs schwer, die strukturellen Auswirkungen seiner Handlungen zu verstehen. Für Stephan wäre es ein Leichtes gewesen, Urs anzuweisen, keine Ausstellungsduschen mehr zu verschenken. Stattdessen teilt er mit ihm sein Wissen. Die nötigen Schlüsse zieht der Außendienstler selbst und bezieht die Folgen für den Betrieb in seine Entscheidungen mit ein.

Der Organisation fehlen nicht etwa Vorgaben, sondern Menschen, die das dezentralisierte Unternehmen ohne formale Macht mit Informationen zusammenhalten. Wir nennen sie Betriebs-Katalysatoren. Die Bezeichnung kam uns ebenfalls auf der Rückfahrt von Mainz.

CHEMIEUNTERRICHT

Gebhard schaut auf die weißen Begrenzungsstreifen, die am Auto vorbeihuschen.

Im Grunde wollen wir, dass die Mitarbeiter vom eigenständigen Denken in verantwortungsvolles Handeln für die Firma kommen.

Im Alltag übersehen sie dabei den Wald vor lauter Bäumen. Stephan meint nachdenklich:

Wir brauchen eine zentrale Rolle, die keine Weisungsbefugnis hat. Sie liefert fehlende Informationen. Sie organisiert Abstimmungsrunden. Sie begleitet die Entscheidungsprozesse. Anschließend achtet sie auf die Umsetzung.

Gebhard richtet sich auf und ruft:

Chemiker sagen zu so etwas Katalysator[9]. Man bringt ihn ein. Er beschleunigt die Reaktion. Am Ende steht er unverbraucht für weitere Prozesse zur Verfügung!

. . . .

Was die Katalysatoren konkret anders machen sollten, betraf etwa die Entwicklung der Kommunikation auf Betriebsversammlungen. Bis zum Transformationsbeginn prägten Frontalpräsentationen der Firmenleitung das Geschehen. Die Geschäftsführung teilte mit, was ihr wichtig erschien. Sie lobte den Betrieb für die eigenen Verdienste. Meist ohne eine prüfbare Datengrundlage. Langjährig treue Angestellte erhielten anerkennende Geschenke. Die Geschäftsleitung teilte unverbindliche Zahlen mit der Mannschaft. Der aktuelle Kassenstand entschied über das Budget der Veranstaltung.

Im April 2014 kam erstmals die gesamte Firma zusammen, um gemeinsam inhaltlich am Unternehmen zu arbeiten. Diese sogenannten Großgruppen-Workshops sind ein zentraler Bestandteil dessen, was wir heute Betriebskatalyse nennen. Der Anfang befremdete allerdings viele Kollegen.

Aufstehen und Laufen lernen

Es ist Mittagspause auf dem Zukunftsforum. So nennt sich die erste Betriebsversammlung nach neuem Muster. Noch nie haben die Mitarbeiter in einer so großen Gruppe zusammen Inhalte entwickelt. Ernst, ein Monteur, Sabine aus der Verwaltung und Manuel aus der Werkstatt stehen in der Nähe des Fingerfood-Buffets beieinander.
Ernst zeichnet mit dem soeben leer gegessenen Holzspieß Kreise in die Luft.

---

9   *Katalysator auf Wikipedia: https://de.wikipedia.org/wiki/Katalysator*

Da verstehe einer, was das soll. Gestern wollen sie von uns wissen, wo wir die Chancen und Risiken sehen. Dann spielen sie uns vor, wie schlecht es um die Firma steht. Heute die ganzen komischen Fragen: „Wer sind wir, und was machen wir?", „Was machen die anderen für uns und welche Dienstleistungen bieten wir unseren Kunden an?" Ich kann damit nichts anfangen.

Sabine klinkt sich ein.

Dabei verschwindet der Moderator mit seinem Assistenten ständig aus dem Raum. Wir kapieren die doofen Themen nicht und er drückt sich davor, uns was zu erklären. Was hilft es, wenn wir da alleine drauf rumhirnen?

Manuel nimmt den Faden auf.

Ja, ich könnte den Samstag definitiv sinnvoller verbringen. Der lässt uns einfach hängen. Einige in meiner Gruppe kriegen allerdings den Mund gar nicht mehr zu. Wir schreiben halt auf, was die Enthusiasten quatschen. Soll die Chefetage schauen, was es ihnen bringt.

. . . .

Der holprige Einstieg ins unternehmerische Mitdenken zeigte uns: In Gruppen arbeiten ist eine Kompetenz, die erlernt sein will. Wir erkannten, dass wir die „führungslose" Kommunikation professionalisieren mussten. Wo sonst im Zweifel schlicht der Ober den Unter sticht, lauert hier die Gefahr end- wie ergebnisloser Diskussionsrunden.

Bereits früh erkannten wir, dass Katalysatoren einen gefüllten Methodenkoffer im Umgang mit (Groß-)Gruppen brauchen. Sie moderieren die Interaktion zwischen den Menschen. Die Option, mit der Faust auf den Tisch zu hauen, können sie allerdings nicht ziehen. Vielmehr begleiten sie die Kommunikationsprozesse als Moderator. Wir lernten das in den Folgejahren besser.

Kampf den Kaffeekränzchen

An einem Nachmittag im Frühjahr arbeitet Gebhard alleine in einem Büro am Produktionsstandort. Da öffnet sich die Tür. Silke tritt ein.

Störe ich?

Gebhard schaut vom Rechner auf und schüttelt den Kopf. Silke fährt fort.

Ich wollte mich für die Betriebsversammlung letzten Freitag bedanken. Es ist gut, dass die Geschäftsleitung auf die langweiligen Reden verzichtet. Besonders gefielen mir die verschiedenen Diskussionsrunden. Früher haben uns doch die Chefs nur erklärt, wie es ihrer Meinung nach zu laufen hat. Wenn wir überhaupt etwas erfuhren. Endlich kommen auch wir zu Wort. Hoffentlich verändern die Quasselrunden was zum Guten.

· · · · · · ·

Damals hatten wir für das Zusammenkommen ein Konferenzkonzept gewählt, das BarCamp[10] heißt. In diesem Format werden aus (Teil-)Nehmern (Teil-)Geber. Sie bestimmen die Themen des Treffens mit. Es schafft Raum für Informationsaustausch in der Gemeinschaft. Zugleich kann jeder seinen persönlichen Interessen in der Firma nachgehen. So gelingt viel Verständigung in sehr kurzer Zeit. Ein zentrales Bedürfnis, seit wir auf Vorgesetzte verzichten. Solche Konzepte brauchten aber eine gezielte Vorbereitung.

---

10 *BarCamp auf Wikipedia: https://de.wikipedia.org/wiki/Barcamp*

DENKEN (ZU)LASSEN

Stephan und Gebhard sitzen im Spätjahr zusammen. Sie planen die Betriebsversammlung im Februar. Stephan sucht nach seiner Rolle.

Mir ist schleierhaft, wie wir das schaffen sollen: Acht verschiedene Themen, von Organisation über Wirtschaftlichkeit bis hin zum Aufmaßprozess. Das alles an eineinhalb Tagen. Und die Kollegen beteiligen sich aktiv. Jeder nimmt Einfluss. Klingt für mich wie ein heilloses Durcheinander.

Gebhard klickt sich durch die Dateien auf dem Laptop. Auf dem Beamer erscheint eine große Tabelle.

Unser Vorteil ist, dass wir ja keine Inhalte erarbeiten. Die kommen von den Teilgebern. Wir sorgen uns um Zeitfenster, Materialien, Räume und so weiter. Die dafür benötigten Informationen packen wir in ein Eventraster.

Stephan schaut auf die Tabelle mit den vielen Spalten und stutzt.

Sieht aus wie eine super komplizierte Agenda?

Gebhard schmunzelt.

Ist aber ganz einfach! Wir halten darin das Nötige fest: Ort, Zeit, Methode, Material, Werkzeuge, Vorbereitung, Setting, Rollen etc. Wir füllen einfach nacheinander die Zeitabschnitte. Am Ende wissen wir, wann kommt die Gruppe zusammen, wann teilen wir sie in kleine Teams, wann arbeitet jeder für sich alleine. Wir bekommen ebenso die Liste der zu besorgenden Materialien.

Stephan überlegt:

Und wenn uns zwischendurch die Zeit ausgeht?

Gebhard antwortet:

Wir schreiben unsere Ergebniserwartung für die Einzelschritte auf.
So kommen wir zwischendurch immer wieder zu Resultaten. Sollte
uns Zeit fehlen, haben wir am Ende trotzdem eine Entwicklung er-
reicht. Und abgespeckt ist es das Programm für die Teilgeber. Lass
uns doch mal gleich mit der Begrüßung anfangen!

· · · · · · ·

In den Folgestunden strukturierten wir die Veranstaltung komplett
durch. In den Wochen bis zum Ereignis bereiteten wir die Daten auf,
mit denen gearbeitet wurde. Fleißige Helfer besorgten das benötigte Moderationsmaterial, suchten mit nach dem geeigneten Ort und
organisierten An-, Abreise sowie die Übernachtungen.

Weil wir uns um all diese Dinge kümmerten, entwickelten wir uns
in einem natürlichen Prozess zu den ersten Katalysatoren bei Heiler.
Schnell stellten wir fest, dass uns mit diesen Aufgaben keine Lange-
weile droht. Obwohl wir Arbeit weder steuern noch kontrollieren.
Stattdessen moderieren wir Mitgestaltung.

Auf dem Event stiegen die Mitarbeiter tief in strategische Fragestellungen der Firma ein. Sie leiteten daraus Arbeitspakete ab, die
sie zueinander priorisierten. Wir schafften es an zwei Tagen, die Fir-
menstrategie der kommenden achtzehn Monate mit der gesamten
Belegschaft zu gestalten.

Neue Helden?

Bis 2016 behielten wir solche Erlebnisse für uns. Bevor wir öffentlich darüber sprachen, wollten wir erst sicher sein, dass es auch wiederholt klappte. 2017 hielt Gebhard dann auf der LeanAroundTheClock Konferenz einen Vortrag, der die Transformation erstmals auf offener Bühne thematisierte. Im Anschluss kamen mittelständische Unternehmer mit Fragen auf ihn zu.

. . . .

Johanna tritt mit ihrem Glas an den Stehtisch heran. Sie übernahm vor einigen Jahren gemeinsam mit ihrem Bruder die Nachfolge des Vaters. Sie führen als Familie ein Fertigungsunternehmen mit knapp vierzig Angestellten. Sie kommt gleich zum Punkt.

Mich interessiert das sehr. Die Mitarbeiter einbinden und so weiter. Die Firma versammelt sich, Katalysatoren sorgen für Methode und direkt entsteht Wirkung. Klingt wie Friede, Freude, Eierkuchen. So einfach kann es doch kaum sein?

Gebhard schaut in die Runde. Neben Johanna steht ihre Assistentin. Außerdem gesellen sich noch drei Neugierige hinzu. Er verneint mit einem leichten Kopfschütteln.

Auf den Versammlungen geht es keineswegs immer harmonisch zu. Manchmal streiten wir um die Inhalte. Auch die Vorgehensweise bringt Menschen an ihre Grenzen. Beispielsweise verlangen spezielle Formate die Wortmeldung von jedem Beteiligten. Für stille Wasser ist das allein eine Herausforderung. Dann erkennen die Teilgeber ihre Verantwortung für die Ergebnisse. Davor will sich der eine oder die andere gerne schützen. Sie versuchen, andere zurück in eine Führungsrolle zu drängen. Und selbst wenn wir zu Zählbarem gekommen sind, fehlt ja die Umsetzung im Alltag.

Johanna hört konzentriert zu, jetzt horcht sie auf.

Durch den Vortrag hatte ich den Eindruck, die neue Rolle ist vor allem, Betriebsversammlungen anders zu organisieren. Jetzt höre ich heraus, das, was ihr Betriebs-Katalyse nennt, ist mehr, als auf Großgruppenveranstaltungen an der Firma zu arbeiten? Was kommt denn da noch so dazu?

Die Augen der Gruppe wandern von ihr zu Gebhard. Er denkt kurz nach und antwortet.

So einiges. Sehen Sie, Firmen, die sich auf diesen Weg machen, brauchen Fachleute für die Arbeit ohne formale Führung. In der Organisation wirken sie als interne Berater. Dann wollen wir, dass die Angestellten verschiedene der angewandten Gruppenmethoden in der Zeit zwischen den Veranstaltungen nutzen. Der Katalysator trainiert sie darin. Er ist Experte wie Trainer.

Eine weitere Frau am Tisch ergreift das Wort.

Hallo, ich bin eine Kollegin von Johanna. Ich kümmere mich bei uns um Personalthemen. Großveranstaltungen, Expertengespräche zu New Work, Schulung in Methoden. Überfordert das nicht etliche in der Belegschaft? Die sollen ja auch noch ihrem Job nachkommen.

Gebhard nickt langsam.

Ja, das kann passieren. Kommen die Menschen an ihre Grenzen, braucht es einen Coach, der sie unterstützt. Passiert das sogar einem Team, nennen wir es Supervision. Ausschlaggebend ist, dass die Katalysatoren immer den Bezug zur Firma wahren. Wird es privat oder sprechen wir von therapeutischer Persönlichkeitsentwicklung, liegt das außerhalb des Prozesses.

An dieser Stelle kommt Johanna zurück ins Gespräch. Sie formt mit ihren Händen ein quadratisches Kästchen auf der Tischplatte.

Soweit ich es verstehe, nehmen wir alle mit, das Unternehmen zu gestalten. Hat das irgendwelche Limits? Ich meine zum Beispiel, meinem Bruder und mir gehört der Betrieb ja. Die Ebenen gibt's doch auch noch. Fällt das da mit rein?

Gebhard nickt erneut. Er deutet auf Johanna.

Genau, die Geschäftsleitung will wissen, worauf sie sich einlässt. Das fordert Auseinandersetzung mit Themen wie Eigentum oder die Vorbereitung von Bankgesprächen. Stephan Heiler und ich nennen das Sparring auf Augenhöhe. Da weiß nicht einer mehr als der an-dere. Wir denken einfach zusammen über unternehmerische Frage-stellungen nach.
Auf dem Weg hinterfragt man Glaubenssätze und Überzeugungen der Mitarbeiter wie der Geschäftsführung. Das verlangt Selbstrefle-xion. Da geht es schnell ums große Ganze. Selbst jenseits von Unter-nehmensthemen. Das hat was Tiefsinniges ...

Johannas Kollegin schüttelt den Kopf.

Meine Liste reicht inzwischen vom Berater, Experten über den Trai-ner hin zum Coach, Supervisor, Sparringspartner, Moderator und Philosoph. Das erwartet ihr aber nicht ernsthaft von einer einzelnen Person? Das ist übermenschlich!

Gebhard schaut sie an, denkt kurz nach. Dann erwidert er zöger-lich schmunzelnd:

Das bekommt man nur mit einem aufgeweckten, neugierigen Inte-resse für die Welt unter einen Hut.

· · · · · · ·

Solche Gespräche zeigten uns, wie anspruchsvoll die Aufgabe der Betriebskatalyse erscheint. Dabei ist vieles eine Frage des Charakters. Einigen Führungskräften fällt der Wandel zum Katalysator sehr schwer. Es ist ein Unterschied, ob sich ein Macher, der bestimmen will, in Soft Skills ausbildet, oder ob bei ihm der Respekt für seine Kollegen im Vordergrund steht. Wir erinnern uns an Beispiele, die das verdeutlichen.

LÖSE PROBLEME!

Armin legt den Telefonhörer auf. Der Puls pocht bis zum Hals:

Es gibt Typen, die sind zu blöd, sich die Nase zu putzen!

Im Telefonat hat er gerade von einer schieflaufenden Montage erfahren. Dem Monteur fehlen die Scharniere für die Tür. Ausgerechnet bei diesem Kunden, der Fa. Burg, gab es zurzeit ständig Probleme. Im Aufstehen presst Armin die Lippen zusammen.

Wenn es kommt, kommt alles auf einmal.

Sophia sitzt ihm gegenüber. Sie hört den Satz und blickt auf.

Was ist passiert?

Armin schaut sie an, überlegt kurz, dann platzt es aus ihm heraus. Ein Vollidiot im Versand hat im aktuellen Burg-Auftrag vergessen, die Türbeschläge einzupacken. Gerade erzählt mir Urs, dass Jan den Aufbau abbrechen will. Bei denen können wir uns aber keine Reklamation mehr leisten. Sonst sind sie weg. Ein Glück ist die Montage hier um die Ecke. Das bekommen wir hin, ohne dass es auffällt.

Er stürmt bereits aus dem Büro. Kaum ist er die Treppe hinunter, schaut Pascal herein. Ein Kollege aus der Auftragsabwicklung, der immer Zeit für ein Schwätzchen zu haben scheint. Er lehnt sich neugierig in den Türrahmen.

Was ist denn jetzt wieder los?

Sophia verdreht die Augen.

Die drüben in der Werkstatt. Da hat einer vergessen, die Beschläge für den Burg-Auftrag zu richten. Ich würd gerne mal wissen, was die den lieben langen Tag machen. Da geht doch ständig was schief.

Pascal tritt nickend in den Raum. Er kennt ebenfalls eine passende Geschichte vom anderen Standort, die er seiner Kollegin erzählen muss. Derweil sitzt Armin im Auto und telefoniert mit dem Versand.

Es ist mir egal, wer das versemmelt hat. Du legst die Teile auf die Werkbank. Ich hole sie in drei Minuten und bringe sie Jan.

Er legt auf und wählt die Nummer des Monteurs.

Jan, hallo, ich bin's. Bist du noch beim Kunden? Gut! Bleib da. Sag, dass du eine Pause machst. In einer viertel Stunde komme ich mit den Scharnieren.

Knapp eine Stunde später ist er wieder im Büro. Er sieht, wie Pascal erst jetzt an seinen Platz zurückgeht. Mit einem tiefen Seufzer fällt er in den Drehstuhl. Sophia schaut ihn neugierig an. Er lächelt schief.

Erledigt, die Kuh ist vom Eis! Da kommt keine Reklamation bei raus.

Dann erzählt er ihr ausführlich die Geschichte. In seiner derzeitigen Aufregung braucht er gar nicht erst zu versuchen, sich auf eine Verwaltungsaufgabe zu konzentrieren.

Die neuerliche Dummheit der Produktion macht am selben Nachmittag die Runde im Verwaltungsstandort. Viele ergänzen sie mit einer eigenen Anekdote aus der Firma oder dem Bekanntenkreis. Kurz vor Feierabend ächzt Sophia:

Zurzeit ist es echt stressig. Ich komm überhaupt nicht mehr rum. Auch heute bleiben Sachen liegen. Und durch mein Gespräch mit Pascal habe ich noch mehr Zeit verloren.

Armin nickt ihr zum Abschied verständnisvoll zu.

Ja, Quatschen hilft in solchen Situationen gar nichts. Nur gut, dass ich das gleich in die Hand genommen habe. Ohne mich geht's halt irgendwie nicht. Mal sehen, wann ich Schicht machen kann. Gestern war es auch nach sieben, als ich endlich rauskam.

Weitermachen

Solche Umstände treten regelmäßig auf. In jeder Organisation. Egal, ob Firma oder Sportverein. Sie gehören zu uns Menschen. Wir fabrizieren Fehler, sind unaufmerksam, verwechseln etwas. Filme wie Bücher schreiben Heldengeschichten darüber. Sie zeigen uns, wie die tatkräftige Hauptfigur das Blatt in letzter Sekunde zum Guten wendet. Hierarchen gefallen sich in dieser Rolle. Wie Armin springen sie auf. Sie geben Anweisungen. Sie nehmen es selbst in die Hand und führen es zu einem Erfolg. Da ist kein Preis zu hoch.

Doch wie erzählt sich die Geschichte mit der Katalysatorin Ella in der Hauptrolle?

· · · · · · ·

Ella verdreht die Augen am Telefonhörer. Soeben erfährt sie von Urs, dass erneut eine Montage für den Kunden Burg schiefläuft. Der Versand vergaß, die Scharniere der Tür beizulegen. Der Monteur bricht gerade die Baustelle ab.

Urs, komm mal wieder runter. Bitte informiere Jan, er soll erst einmal Pause machen. Das ist ja hier um die Ecke. Ich sprech mit der Werkstatt, ob wir da nicht eine Lösung hinbekommen. ...
Ja, ich weiß auch, dass das regelmäßig passiert. ...
Natürlich sollten wir das abstellen!

Sie legt auf und wählt eine Nummer im Produktionsstandort.

Hallo Manuel, kennst du schon die Neuigkeiten vom aktuellen Burg-Auftrag? Nein? Die Türbeschläge sind nicht dabei.
Ja, die wurden offensichtlich vergessen!
Wie, sie fehlen auf dem Lieferschein? Das muss ich mir genauer ansehen. Jetzt braucht Jan allerdings schnellstmöglich die Teile. Die Adresse ist zehn Minuten von euch.
Du fährst selbst, danke. Ich sag Bescheid, dass du auf dem Weg bist.

Sophia sitzt ihr gegenüber. Sie hat zugehört und seufzt, als Ella auflegt.

Das gibt's doch gar nicht. Wieder beim Burg?

Ihre Tischnachbarin nickt nachdenklich.

Aber irgendwas läuft da generell schief. Manuel hat gesagt, dass die Bänder auf der Stückliste fehlten. Kannst du mir mal den Auftrag raussuchen. Den schauen wir uns ausführlich an.

Sophia sucht im System nach der Bestellung, als Pascal auf dem Weg zum Kaffeeautomaten am Büro vorbeikommt.

Na ihr beiden, passt alles?

Die Kolleginnen schütteln zeitgleich den Kopf und winken ihn herein. Ella steht inzwischen hinter dem Bürostuhl der Kollegin. Sie betrachten konzentriert den Bildschirm und zeigen auf ein Feld. Sophia denkt laut.

Wir haben hier die aktuelle Burg-Kommission. Auf der Baustelle fehlen die Türscharniere. Jan ist kurz davor, die Montage abzubrechen. Manuel sagte uns, dass die Teile auf der Liste gar nicht auftauchen, und dann schau dir das an.

Eine Stunde danach ist das Problem aus der Welt. Die Beschläge kommen noch in seiner Pause zum Monteur. Der hat zwischenzeitlich den Aufbau beendet. Der Werkstattmitarbeiter ist zurück. Er richtet gerade die Aufträge zum heutigen Versand fertig. Pascal, Sophia und Ella finden derweil heraus, dass die Bänder im Artikelstamm mehrfach vorkamen. Es gab Leerkopien des Bauteils. In ihnen fehlte die Stückliste. Wählte man bei der Auftragsanlage eine davon aus, gab das System keine Artikel auf dem Lieferschein aus. Es war nicht herauszufinden, wo die leeren Duplikate herkamen. Jetzt hat Ella sie gesperrt. Künftig ist die Packliste vollständig. Allerdings nimmt Ella das To-do auf, in den kommenden Wochen gemeinsam mit den Einkäufern die gesamten Daten von falschen Dubletten zu säubern. Die Beteiligten gehen an diesem Tag samt und sonders pünktlich in den Feierabend.

· · · · · · ·

Die zweite Geschichte erleben wir immer häufiger. Insbesondere, seit wir mehr Kollegen wie Ella auf die Rolle als Katalysator vorbereiten. Wir erkennen, dass eine der wichtigsten Aufgaben in der Organisation ist, Stress zu vermeiden. Und das ganz ohne formale Weisungsbefugnis.

Aktionismus ade

Vergleichen wir die Varianten, fallen die unterschiedlichen Verhaltensmuster auf.

Der Werkzeugkoffer von Armin war ihm altbekannt. Kam er an seine Grenzen, weil etwas schieflief, griff er auf die Routinen Befehl / Gehorsam sowie Kontrolle / Lob oder Strafe zurück. Er erhöhte das Stressniveau, um die nötige Aufmerksamkeit der Mitarbeiter zu erreichen. Das Vorgehen basiert auf unterschwelligen Vereinbarungen. Auf Politik. Will er erfolgreich sein, muss er neben der formellen seine informelle Macht ausbauen.

Ella glich die fehlende Befehlsgewalt dadurch aus, dass sie die Zusammenhänge aufzeigte. Sie improvisierte, unterbrach die Stresskette. Dazu brauchte sie andere Methoden und Werkzeuge. Kam sie an ihre Leistungsgrenze, konnte sie die Eigenverantwortung der Kollegen einfordern. Sie musste im Zweifel die Kohlen nicht alleine aus dem Feuer holen. Ihre Beziehungen bauten auf Vertrauen, Offenheit, Toleranz und Respekt. Will sie erfolgreich sein, muss sie dafür sorgen, dass Zusammenarbeit zwischen allen Beteiligten gelingt.

Vor der Transformation beschäftigte Heiler bis zu zehn Führungskräfte. Es gab zwischenzeitlich fünf Hierarchieebenen. Nachdem wir dem Kind einen Namen geben konnten, fragten wir uns, wie viele Katalysatoren es wohl braucht? Für die Antwort erkannten wir, dass die Unterschiede noch tiefer liegen. Wir sehen zumindest drei Schichten.

Die unterste ist, die Rolle des Katalysators in der Firma nachzuvollziehen. Das ist vergleichbar mit dem Verständnis, was ein Vorgesetzter ist. In formalen Hierarchien weiß das jeder. Bei Heiler verlangen wir zunehmend von der kompletten Belegschaft, zu verstehen, was die Katalysatoren machen. Die Aufgaben zu verstehen heißt, sich auf die veränderte Arbeitsweise ernsthaft einzulassen. Alle tragen ihren Teil der Verantwortung. Sie schauen nötigenfalls über den Tellerrand hinaus. Sie gehen den Weg der Katalyse gewollt mit.

In der zweiten Ebene gibt es Kollegen, die in ihrem direkten Umfeld unterstützen wollen. Sie setzen sich intensiver mit den Inhalten der Katalyse auseinander. Sie lernen einige Praktiken der Betriebskatalyse. In ihrem Team verbessern sie aktiv. Sie lösen Konflikte. Sie entwickeln gruppeninterne Abläufe weiter. Idealerweise hat jede Gruppe ein bis zwei Menschen davon.

Die dritte Schicht formen die ausgebildeten Katalysatoren, die in der Verantwortung stehen, die Weiterentwicklung des Betriebs zu begleiten. Sie eignen sich Methoden wie Großgruppenmoderation an. Sie bereiten Kennzahlen des Unternehmens so auf, dass die Mitarbeiter damit klug entscheiden können. Sie versuchen, Stress zu reduzieren. Sie greifen so wenig wie möglich selbst lösend in die Prozesse ein. Für sie ist es ein Vollzeitjob. Für eine Unternehmensgröße wie Heiler mit sechzig bis siebzig Mitarbeitern sehen wir die Notwendigkeit von drei bis vier Hauptamtlichen.

Alles in allem reduzieren sich die Angestellten, die sich rein mit der Arbeit an der Firma beschäftigen. Der Anteil der Mitarbeitenden nimmt zu. Wie sehr das mit individuellem Handlungswissen und Arbeitshaltungen zusammenhängt, zeigt eine Diskussion, die Stephan und Gebhard mit Roland, einem Aktivposten der Firma, hatten.

Unvermutete Parallelen

Am Nachmittag im Spätsommer sitzen Roland, Stephan und Gebhard im kleinen Büro neben dem Einkauf. Roland strukturiert in Vorbereitung auf seine Katalysatorenrolle seit einiger Zeit die

Materialwirtschaft neu. Sie sprechen über künftige Produkteinführungen, die reibungsloser verlaufen sollen. Sie diskutieren darüber, dass alle Mitarbeiter mehr und frühzeitiger in Strukturveränderungen einbezogen werden sollen. Egal ob es um neue Produkte, veränderte Arbeitsplätze oder andere Prozesse geht. Roland steht von seinem Stuhl auf. Er schnappt sich einen Stift und geht zur Flipchart.

Ich verstehe nicht, was ihr wollt. Ich weiß, wie es zu laufen hat. Ich hab den Prozess schon bei drei Firmen aufgesetzt. Natürlich ist es jedes Mal ein bisschen anders. Aber warum wollt ihr die Mitarbeiter fragen, wie sie es anstellen würden?
Wisst ihr, wo wir da anfangen? Das ist für die ganze Firma neu! Hier kennt das außer mir niemand. Und jetzt sollen wir uns auch noch damit auseinandersetzen, wie man es den Menschen ohne Anweisungen beibringt. Ich schlage vor, dass wir erst einmal den unbekannten Prozess ans Laufen bringen. Wenn der reibungslos flutscht, können wir uns bei Gelegenheit ein paar der Moderationsmethoden draufschaffen ...

Bevor Gebhard zur Antwort ansetzt, klinkt sich Stephan ein. Er schaut von Gebhard zu Roland und zurück.

Roland, im Moment geht es dir genauso wie den Kollegen, denen du einen Prozess vorgeben willst. Gebhard erklärt, wie wir in einem Betrieb ohne formale Führungskräfte auskommen. Er besteht darauf, spezielle Abläufe wie Methoden anzuwenden. Du kennst die noch nicht oder bist darin ungeübt. Also wehrst du dich mit einleuchtenden Einwänden. Aber damit läufst du Gefahr, die aktuelle Chance zu verpassen, etwas in der Katalyse dazuzulernen. Ich habe keine Lust, es jetzt anzuweisen. Denn ich glaube kaum, dass das zum Erfolg beiträgt. Wenn du es auf deine Weise versuchen willst, mach das!

WEITES LAND

Menschen wie Roland packen Dinge an. Als Aktivposten lösen sie Probleme. Fehlen ihnen Kapazitäten oder Fähigkeiten, holen sie die nötigen Umsetzer dazu. Dann sagen sie an, wer, wann, was, wie zu machen hat. Solange sie die maßgeblichen Zusammenhänge richtig verstehen, klappt das. Das ist aber nur schwer leistbar in einem Umfeld wie bei Heiler, in dem in einem Zeitraum von drei Jahren verschiedene vielschichtige Einzelszenarien zusammen auftreten: die Unternehmernachfolge, der Weggang von Schlüsselmitarbeitern, die Insolvenz der Schwesterfirma und das Ende des Wachstumsmarktes.

Mitarbeiter wie Roland erleichtern für alle kurzfristig den Alltag. Zugleich hängt die Organisation zunehmend von ihrer Anwesenheit ab. Werden sie krank, wollen regelmäßig pünktlich Feierabend oder kündigen sogar, ist die Lage brenzliger als zuvor. Denn jetzt ist die Belegschaft gezwungen, Prozesse zu leben, die sie nur teilweise versteht.

In Gesprächen, in denen wir unsere Erkenntnisse erklären, hören wir immer wieder Bedenken wie diese, gerne als Frage verpackt: *Sind das nicht nur Kühlschranktürsprüche, die gut klingen, aber wenig aussagen? Eure Katalysatoren gründen doch nur wieder eine neue Elite, oder? Kommt ihr überhaupt einen entscheidenden Schritt weiter?*

Wir antworten dann, dass es aus unserer Sicht in einer komplexen Welt ein Trugschluss ist, die „richtigen" Führer zu suchen. Klüger erscheint uns, die Führungsaufgaben „richtig" zu verteilen. Wir müssen weg davon, dass Vorgesetzte für andere urteilen. Es geht darum, alle ins Denken zu bringen.

Der Verzicht auf Weisungsbefugnis ist ein wichtiger erster Schritt. Und dennoch benötigen wir weiterhin eine sinnvolle zentrale Rolle, die ohne formale Macht auskommt. Seit wir das erkannten, schärft sich das passende Bild. Ellas Beispiel zeigte uns, dass es Charaktereigenschaften wie Demut, Toleranz und Respekt vereinfachen, katalytisch zu wirken, während Rolands Dominanz und Geltungsdrang das eher behindern. Und immer noch lernen wir ständig etwas dazu. Gerade auch in Unterhaltungen außerhalb des Betriebs. Diese Offenheit, darüber zu sprechen, erregt Aufmerksamkeit.

. . . .

Stephan sitzt am Schreibtisch und schreibt eine Mail, als das Telefon klingelt. Neugierig schaut er auf das Display – Österreich. Er meldet sich:

Firma Heiler, Stephan Heiler, guten Tag.

Am anderen Ende der Leitung entsteht eine Pause. Dann hört Stephan tiefes Luftholen.

Hallo Herr Heiler, ich rufe Sie aus Wien an. Ein Bekannter traf Sie auf einer Konferenz in Stuttgart. Er empfahl mir, Sie zu kontaktieren. Mich sprach kürzlich die Geschäftsleitung einer mittelständischen Firma an, ob ich sie in Sachen „neue Führung" beraten kann. Ach ja, ich lehre an der hiesigen Universität Betriebswirtschaft. Mein Kollege meinte, Sie hätten dazu ganz praktische Erfahrungen und seien bereit, offen darüber zu reden.

Stephan ist überrascht. Passiert das ohne Quatsch? Ein Professor für Wirtschaft bittet ihn um Unterstützung?

Das Gespräch dauert schlussendlich über eine Stunde. Der Hochschullehrer bleibt aufgeschlossen. Er nimmt die Ratschläge gerne auf. Wochen später berichtet er in einem neuerlichen Telefonat vom Erfolg des Workshops.

FÜHRUNG

OHNE FÜHRUNG

Stephan freut sich schon auf diesen Tag. Endlich präsentiert Arno mit ihm vor Vertrieb und Service das Ergebnis der letzten beiden Jahre Entwicklung: der neue Pendeltür-Beschlag ist fertig. Noch wissen sie nicht, dass ihre Entwicklungsbezeichnung, DS15, später auch der Produktname sein wird. Stephan bewirbt bei den Marktmitarbeitern, das sind Kolleginnen und Kollegen, die tagtäglich direkt mit Kunden in Kontakt stehen, die funktionalen Details sowie die über 40 Einzelteile. Er klingt wie mitten in einem Verkaufsgespräch.

Der DS15-Beschlag stellt eine komplette Neuentwicklung dar. Das Scharnier besticht nicht nur durch eine eigenständige, filigrane Optik. Derzeit gibt es unterschiedliche Marktanforderungen an Glasduschen-Scharniere: Für barrierefreie Duschplätze ist ein Hebe-Senk-Mechanismus sinnvoll, zum einfacheren Reinigen sollten die Beschläge innen flächenbündig in das Glas integriert sein, der Trend geht hin zu größeren Formaten, deshalb ist auch eine hohe Tragkraft der Scharniere erforderlich. Außerdem wird immer öfter eine Pendelfunktion gewünscht, und trotz rahmenloser Ausführung sollte die Glasdusche auch das Spritzwasser nicht nach außen lassen. All diese Anforderungen erfüllt das DS15-Scharnier und stellt damit mittlerweile die absolute Topausstattung im Heiler-Sortiment dar.

Urs beäugt zweifelnd das fertige Produkt. Er hält es neben die bekannten Produktmuster.

Ihr habt das Design verändert. Es ist viel länger als bisher. Ist das gewollt?

Ernst, ein Servicemitarbeiter, der maßgeblich die technische Kundenberatung mit Aufmaß macht, ergänzt skeptisch:

Mir gefällt es auch nicht. Warum müssen wir überhaupt was Neues machen, wenn das Alte noch funktioniert?

Stephan verdreht ein wenig die Augen. Er seufzt, da steigt Arno, der externe Entwicklungsdienstleister, ins Gespräch ein.

Wir entwickelten in zwei Jahren ein komplett frisches Bauteil. Das ist super schnell. Jetzt hat Heiler zum ersten Mal volle Kontrolle über die Fertigungskette. Stimmt was nicht, oder soll eine andere Funktion nötig werden, könnt ihr es selbst steuern. Und das Design ist modern. Wir haben berücksichtigt, dass es zur Marktentwicklung passt.

Anstatt weiter zu diskutieren, schauen sich die Mitarbeiter still die Einzelteile und das zusammengebaute Scharnier an. Als alle damit durch sind, bleiben die Zweifel weiter spürbar. Urs ergreift das Wort.

O.k., das neue Produkt ist da. Praktisch sind wir gezwungen, es gut zu finden. Es ist zu verkaufen, um die Entwicklungskosten wieder reinzuholen. Eines geht mir gegen den Strich. Stephan, du redest seit zwei Jahren davon, dass wir Verantwortung tragen. Du forderst uns auf, die Firma mitzugestalten. Dann kommt ihr mit einem fertigen Teil um die Ecke. Ihr vertraut darauf, dass wir laut hurra schreien. Vermutlich denkt ihr euch, dass wir es ab morgen voller Enthusiasmus an den Mann bringen. Aber wieso dürft ihr das überhaupt ohne uns entscheiden?

RICHTIG IN DIE FALLE

Urs hat recht. Arno und Stephan freuen sich zwar, das Band in derart kurzer Zeit entwickelt bekommen zu haben, das gelang allerdings nur, indem sie die Beteiligten außen vor hielten. Entwickler lieben es, so vorzugehen. So können sie sich auf ihre Arbeit konzentrieren. Das Ergebnis: Effiziente Entwicklung. Genial ist es, wenn das Endprodukt dann wirklich genau den Bedarf des Marktes trifft. Dann erreicht man mit minimalem Einsatz die maximale Wirkung. Das klingt ideal.

Unsere Erfahrung ist eine andere. Wir sehen, dass frühe Rückmeldungen von Kundenseite eine entscheidende Voraussetzung für die Produktqualität sind. In der Entwicklungsphase können sie schnell umgesetzt werden. Heiler entwickelt eigene Artikel, um sich von Standardware abzugrenzen und von Lieferanten unabhängig zu werden. Außerdem verbessert die damit zusammenhängende Kontrolle über die Einkaufspreise der Einzelteile die wirtschaftliche Situation des Betriebs. Das alles spiegelt sich in der Entwicklung des neuen Scharniers wider.

Trotzdem oder gerade weil die Marktmitarbeiter so spät einbezogen wurden, verlief die Markteinführung schleppend. Häufig griffen Servicemitarbeiter auf das ihnen vertraute Bauteil zurück. Es dauerte Monate, bis sich DS15 etablierte. Stephan fiel auf, dass dies ein Paradebeispiel für eine der typischen Entscheidungsfallen in hierarchischen Unternehmen war. Er erinnerte sich daran, wie ihn Gebhard vor dieser Falle zum ersten Mal auf einem der Seminare, die Stephan bereits vor der Transformation besuchte, gewarnt hatte.

· · · · · · ·

Ich sitze im Stuhlkreis und richte meinen Blick auf Gebhard. Der steht neben der leeren Flipchart. Er schaut auf uns, die sechs Teilnehmer. Der zweitägige Kurs, bei dem wir mitmachen, heißt „Perspektivgewinn". Er fragt in die Runde.

Von wann bis wann geht ein Entscheidungsprozess?

Wir denken nach. Ich verstehe inzwischen, dass ich besser begreife, wenn mich eine offene Frage in den Denkmodus versetzt. Trotzdem habe ich ein wenig das Gefühl, vorgeführt zu werden. Während ich noch in Gedanken bin, antwortet schon jemand.

Er fängt mit dem Erkennen eines Problems an und ist zu Ende, sobald der Beschluss gefällt ist.

Ich nicke intuitiv. Klingt richtig. Zweifel kommen mir, wenn ich die Mimik von Gebhard deute. Er malt einen Pfeil mit zwei Punkten auf's Papier. Den ersten nennt er t_0 „Problem erkennen", den zweiten t_1 „beschließen". Hinter den Kennzeichnungen lässt er viel Platz. Dann schaut er auf uns zurück.

Was kommt danach?

Mir schießt „Umsetzung" in den Kopf, da platzt mein Stuhlnachbar heraus:

Das ist falsch! Klar beginnt es damit, dass uns Schwierigkeiten auffallen. Oft sind die komplizierter. Deshalb folgt die Analyse. Es schließt sich die Lösungsfindung an. Das liegt wohl zwischen t_0 und t_1. Richtig ist, dass bei t_1 was beschlossen wird. Ich meine allerdings, der Schlusspunkt sollte sein, wenn es erkennbar besser läuft als vorher.

Gebhard ergänzt mit einigem Abstand zu den beiden bisherigen Markierungen eine dritte – t_2 „erkennbare Verbesserung".

Also zwischen den ersten beiden Punkten erarbeitet man die Lösung, dann kommt der Entschluss, und „fertig" ist, wenn man die Verbesserung erkennt. Alle einverstanden?

Wir stimmen nickend zu. Dann setzt er nach:

Was passiert von t_1 bis t_2?

Im Chor antworten wir zufrieden:

Umsetzung!

Alle lächeln, Gebhard nickt.

Wenn ich jetzt eine y-Achse einzeichne, was sollten wir darauf ab-
zeichnen?

Ich wechsle zurück von Lachen in Denken. Mehrere Sekunden
Stille, bis er weiterfragt:

Worauf stellen wir uns in der Umsetzungsphase ein?

Vor meinem geistigen Auge poppt ein Wort auf, das ich sofort
ausspreche.

Widerstand!

Zustimmendes Nicken von allen Stühlen. Gebhard malt den zweiten Pfeil. Er steht senkrecht am Beginn des Ersten. An die Pfeil-
spitze schreibt er „Widerstand". Nun geht er mit einem roten Filz-
stift zu t_0 und wartet, bis ihm jemand sagt, auf welcher Höhe der
y-Achse er ansetzen soll. Ein Geschäftsführerkollege legt los.

Da ist der Widerstand gering. Ist ja maximal meiner.

Wir grinsen.

Hoch geht er erst nach t_1. Sogar so hoch, dass wir t_2 überhaupt nicht
erreichen.

Gebhard skizziert eine gerade Linie zwischen t_0 und t_1. Ab t_1 steigt
der Strich steil an. Dann flacht er die Kurve ab und lässt sie auf
hohem Niveau über t_2 auslaufen.

So ungefähr?

Zustimmendes Murmeln kommt von den Stühlen. Ein Kollege aus
der Gruppe:

Da gibt's natürlich viele Varianten. Ehrlich gesagt, die Mehrzahl meiner Veränderungsvorhaben kamen nie zu t_2. Dazwischen änderten wir die Richtung oder stampften sie ein. Häufig wegen der Gegenwehr.

Unsere Blicke verlieren sich in der Landschaft hinter dem Fenster des Seminarraums. Wir durchwandern in Gedanken unsere Erfahrungen. Dann stimmen wir nacheinander zu. Gebhard ergreift erneut das Wort.

Wenn wir die Kurve so anschauen, wann nehmen denn die Mitarbeiter zur Kenntnis, dass sich was verändert?

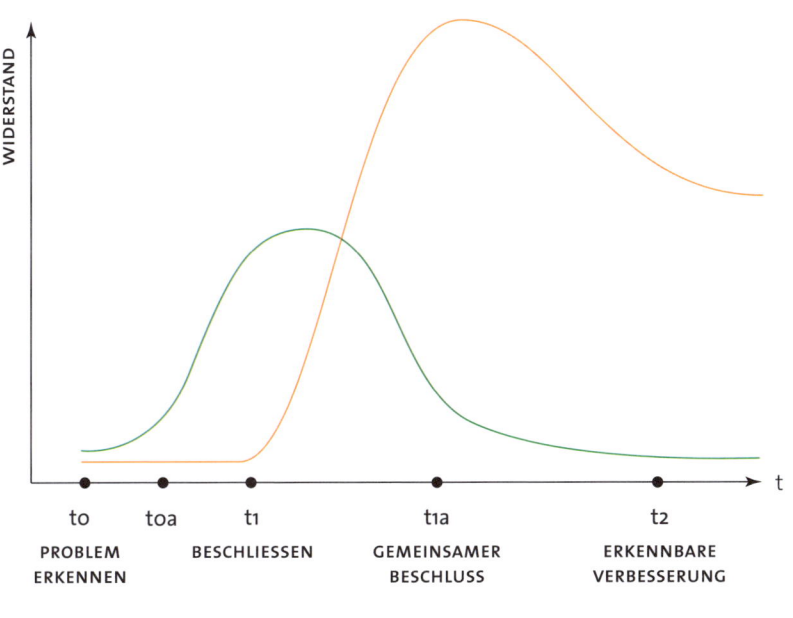

. . . .

Ein paar Minuten später war das Koordinatensystem um eine zweite grüne Linie und zwei Zeitpunkte erweitert. Wir verstanden, dass mit erhöhtem Widerstand zu rechnen ist, lässt man die Betroffenen in der Lösungsfindung außen vor. Im ergänzten Bild gab es zwischen t_o und t_1 die Ereignisse t_{oa} „Betroffene einbinden" und t_{1a} „Gemeinsamen Beschluss fassen". Jetzt wölbte sich der Widerstand vor der Entscheidung auf den beiden neuen Markierungen auf. In der Umsetzung verschwand er fast vollständig.

TEILWEISE GELÖST

Der deutlich flachere Hügel von t_{oa} nach t_{1a} und die völlige Verflachung nach t_{1a} in der grünen Linie zeigen, wie sinnvoll es ist, die Beteiligten deutlich vor dem Entschlusszeitpunkt einzubeziehen. Dieses Vorgehen verlangt, das Problem gut darstellen zu können, allerdings auf konkrete Lösungsvorschläge weitestgehend zu verzichten.

Die Herangehensweise fehlte bei der Entwicklung des DS15. Weil sie noch vor dem Transformationsprozess bei Heiler startete, verlief sie im alten Muster. Die Geschäftsleitung erkannte die Entwicklungsnotwendigkeit. Sie leitete daraufhin abseits der Belegschaft Maßnahmen ein, um der veränderten Sachlage im Markt gerecht zu werden. Urs hatte mit seiner Bemerkung bei der Präsentation völlig richtiggelegen. Arno und Stephan gingen davon aus, dass sich die Kollegen darüber freuen, zum Problem gleich eine Lösung präsentiert zu bekommen. Die beiden wollten schnell sein. Sie trafen viele Entscheidungen, ohne die anderen mitzunehmen.

Beispielsweise veränderten sie das Design und beschlossen, selbst zu fertigen, anstatt zuzukaufen. Dadurch gewannen sie zwar Zeit, das bezahlte die Firma aber hinterher mit einer schleppenden Markteinführung. Wie ungewöhnlich es ist, Beteiligte vor der Entscheidung bewusst einzubeziehen, zeigt eine Unterhaltung, die Stephan mit einem Unternehmer auf einem Kongress führte.

· · · · · · ·

Stephan lacht.

Obwohl es mir oft auch schwerfällt: Es ist einfach besser, in die Kommunikation mit den Mitarbeitern einzusteigen, bevor ich eine fertige Lösung habe. Denn sie haben meist die besseren Lösungen.

Sein Gesprächspartner zuckt ungläubig mit den Schultern.

Verstehe ich das richtig? Sie erklären Mitarbeitern die Probleme und erwarten, dass ihnen die passenden Antworten einfallen? Meine Belegschaft erwartet von mir Klarheit. Käme ich denen mit einer reinen Problemliste, könnte ich gleich einpacken.

Stephan trinkt einen Schluck und antwortet.

Das ist genau die Herausforderung. Präsentiere ich Kollegen meine Vorstellungen, entscheiden die nur zwischen ja, find ich gut oder nein, wieder so eine Schnapsidee vom Chef. Wir wollen allerdings, dass sie mitdenken, ja mitgestalten. Dafür müssen sie von der Bewertung in den Denkmodus kommen. Bei uns klappt das gut mit halb fertigen Konzepten.

Die Aufmerksamkeit des Unternehmers steigt.

Wie sieht das konkret aus? Wir versammeln uns alle in einem großen Raum, ich schreibe meinen Stand an die Flipchart, und die Leute bringen Vorschläge, wie es abschließend aussehen soll?

Stephan nickt.

Fast. Einfach was an die Wand schreiben ist zu wenig. Wir gehen methodisch vor. Beispielsweise soll jeder für sich über die gleichen Fragen nachdenken, die auch wir uns gestellt haben. Dafür geben wir den Teilnehmern etwa eine Frageliste, auf die sie allein oder in kleinen Gruppen Antworten entwickeln. Ihre Ideen schreiben sie auf große Klebeetiketten. Wir bereiten dann noch eine Papierwand vor, auf der wir eine Zeitlinie eintragen. Die Mitarbeiter hängen ihre Ideen in den Zeitabschnitt, in dem sie umsetzen wollen. So entsteht ein gemeinsames Bild. Und wir strukturieren die Gedanken nach Symptom, Ursache, Handlung (SCA: Symptom, Cause, Aktion). Das erzeugt gleich die To-do-Liste, um eine Veränderung umzusetzen. Im Gespräch über Symptome und deren Ursprünge können wir die Widerstände der Mitarbeiter erkennen und aufnehmen. Jetzt wollen sie zusammen lösen, wo sie früher nur darüber urteilten, ob sie ihren Geschäftsführer klug finden oder doof.

Sein Gegenüber ist beeindruckt.

Und das klappt?

Stephan lacht erneut.

Immer besser!

Das Schlimmste kommt noch

Wir verstanden auf diesem Weg, dass sich in der Gemeinschaft oft frische Blickwinkel bilden, die das Ergebnis verbessern. Zeichnen sich die Umsetzungsalternativen ab, schärfen wir sie und leiten in die Beschlussphase über. So vorbereitet, können wir die Entscheidungen mit minimalem Widerstand umsetzen. Trotz unserer sichtbaren Fortschritte erleben wir außerhalb von Heiler wiederholt eine ablehnende Reaktion, wenn wir das Vorgehen erläutern.

· · · · · · ·

Gebhard sitzt auf einem Mittelstandskongress im schwäbischen Aalen in einem Diskussionsforum. Thema ist das digitale Mindset für Unternehmer kleiner wie mittlerer Firmen. Ein Aspekt ist die Frage, wie man die Mitarbeiter einbeziehen kann. Er erläutert die

Kurve in Kombination mit dem Prozedere bei Heiler. Einige in der Runde nicken. Einem Mann allerdings platzt der Kragen.

Hanebüchener Blödsinn! Ringelpiez mit Anfassen. Ein völlig unpro-duktives Weichspülprogramm. Bis Ihre Selbsthilfegruppen verste-hen, was abgeht, setzen bei mir die Leute schon drei Monate meine neuen Vorgaben um. So läuft das!

Die Blicke richten sich auf den Mann. Ein Teilnehmer sagt:

Na ja, ich hab Vorhaben vor Augen, da wäre es besser gewesen, die Gegenwehr aufzufangen, bevor wir viel Geld in neue Software steckten. Schlussendlich mussten wir nachzahlen, um die sinnvollen Forderungen zu integrieren. Also bei Technologieimplementierung sehe ich klare Vorteile in diesem Vorgehen.

Eine Frau nickt.

Ja, so ähnlich ist meine Erfahrung mit Organisationsentwicklung. Man ist ständig am Nachbessern. Oft drehen die Firmen dabei Schleifen, an deren Ende nur zusätzliche Verwirrung herauskommt.

Der erste Redner schüttelt energisch den Kopf.

Ich könnte das nicht. Geduldig darauf warten, dass anderen viel-leicht irgendeine Lösung einfällt. Da flipp ich aus. Bei mir geht's zack, zack, zack!

CHEF, SIE SIND RAUS!

Die Macher unter uns strengt das integrierend langwierige Ent-scheidungskonzept an. Ihnen fällt auch schwer, die damit verbunde-nen Kommunikationsmethoden anzuwenden. Sie brauchen direkt sichtbare Ergebnisse. Es mag sie erleichtern, dass wir erkannten: Für den größten Teil der täglich zu treffenden Beschlüsse passt das tatsächlich. Wir nennen sie Alltagsentscheidungen. Davon grenzen wir Struktur- und Strategieentscheide ab.

Die Kombination dieser unterschiedlichen Entscheidungstypen bezeichnen wir als Entscheidungs-Design. Dafür haben wir in Diskussionen mit Mitarbeitern folgende Darstellung gefunden, die wir im Anschluss kurz erläutern.

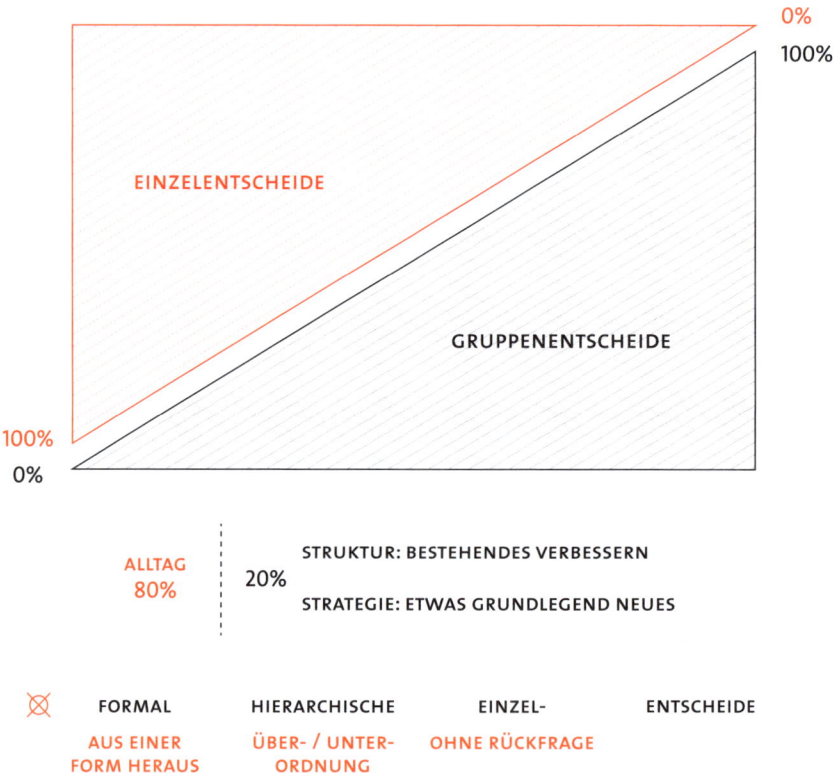

Tatsächlich finden achtzig Prozent der Entscheidungen im Alltag statt. Ihn prägen einheitliche Prozessabläufe, Preislisten, Systemlieferanten etc. Dort sollen die Mitarbeiter schnell selbstständig alleine entscheiden. Nehmen wir die Auftragsabwicklung. Hier bekommen Kunden verbindliche Preiszusagen, ohne dass der Innendienstkollege vorab mit dem Außendienst oder der Geschäftsführung sprechen muss. Natürlich kann der Kollege bei kritischen Fällen Rat einholen. Entscheiden soll er allerdings alleine. Sobald die Entscheidung etwas an den Strukturen ändert, kommt es zu einer Gruppenentscheidung. Jetzt beziehen wir die ein, auf die sich die nötige Veränderung auswirkt.

Wir unterscheiden also in Einzelentscheide – im Zweifel ohne jede Rückfrage – und Gruppenentscheide. In der Praxis ist die Grenze fließend. Sodass es immer wieder zu Einzelentscheiden kommt, die besser mit einer Gruppe getroffen worden wären, und zu Diskussionen in einer Gruppe, an denen am Ende ein Einzelner beschließt, was zu tun ist. In der Grafik dargestellt durch die beiden Dreiecke, die übereinander verlaufen. Die Prozentzahlen am Rand deuten an, wann eher eine Einzel- und wann bevorzugt eine Gruppenentscheidung passt.

Wir verlangen, dass die Mitarbeiter ihren Alltag alleine in den Griff bekommen. Sobald jemand etwas an den Prozessen, den Formularen und so weiter ändern will, läuft die Entscheidung in die Gruppe. Das zeigt die untere 80:20-Gewichtung. Sie ist rein auf die Anzahl der Beschlüsse bezogen.

Die Auswirkungen auf die Firma sind tendenziell bei den wenigen strategischen Änderungen natürlich viel größer als bei den ständig im Alltag zu treffenden Zusagen. Die Gruppe geht bis hin zur gesamten Belegschaft. Damit die Gruppenprozesse sauber laufen, begleiten sie die Katalysatoren. Sie beschließen allerdings maximal mit, nie für sich. So vermeiden wir, dass eine neue formale Führung entsteht.

Einige Mitarbeiter wie Unternehmensfremde stellten bei der Präsentation des Schemas fest:

Ihr dreht ja alles auf den Kopf. Normalerweise sagt der Vorgesetzte dem Mitarbeiter, wann er was wie zu machen hat. Der Arbeiter entscheidet da null. Dafür gestaltet die Geschäftsleitung im Alleingang, wohin die Reise geht. Bei dem neuen Konzept laufen die Angestellten eigenverantwortlich im täglichen Trott und gestalten Struktur wie Strategie mit. Unterstützt von den Katalysatoren. Es gibt keinen Chef mehr, der im stillen Kämmerlein Vorgaben aushecken kann, die er den „Untergebenen" vorschreibt.

Wir nahmen diese Wahrnehmung schließlich in die Skizze auf, indem wir die formal hierarchischen Einzelentscheide abstrichen. Dargestellt durch den mit dem roten Kreuz angestrichenen Merker im unteren Abschnitt. Denn wir sind sicher, es braucht keine Führungskräfte mehr, die für sich alleine Entscheidungen über die Köpfe der anderen hinweg treffen und anordnen, bloß weil auf einem Papier steht, dass sie das können.

Schon vollbracht?

Seit wir die Grafik entwickelten, gelingt es uns, anderen praktisch rüberzubringen, was die Theorie beschreibt. James Surowiecki etwa zeigt in seinem Buch „Die Weisheit der Vielen"[11] die wissenschaftlichen Nachweise, warum und unter welchen Rahmenbedingungen wir in Gruppe komplexe Aufgaben besser lösen. Andreas Zeuch analysiert in „Alle Macht für niemand"[12] Unternehmensbeispiele. Wie verschiedene aktuelle Veröffentlichungen stellt er die erfolgreichen Aspekte demokratischer Verfahren in Firmen heraus. Die Vorstel-

---

11 *Die Weisheit der Vielen: Warum Gruppen klüger sind als Einzelne und wie wir das kollektive Wissen für unser wirtschaftliches, soziales und politisches Handeln nutzen können; James Surowiecki; Börsenbuchverlag 2017*

12 *Alle Macht für niemand. Aufbruch der Unternehmensdemokraten; Dr. Andreas Zeuch; Murmann Publishers GmbH 2015*

lung, einiges davon umzusetzen, gefiel uns von Beginn an. Erst mit dem Entscheidungs-Design fanden wir einen gangbaren Weg, die Zusammenhänge zu teilen.

Ella
Wenn wir wollen, dass es funktioniert, dann muss jeder verstehen, wann er alleine entscheiden kann, wen er für eine Entscheidung eventuell zusätzlich braucht und ob er dazu besser einen Katalysator zur Unterstützung hinzuzieht. Das Konzept ermöglicht diesen Austausch. Besonders gefällt mir: Je größer die Auswirkungen auf die Firma, auf umso mehr Schultern verteilen wir die Verantwortung.

> > > > >

Mit beidem in Kombination, Entscheidungszuordnung und Widerstandskurve, wähnten wir uns am entscheidenden Durchbruch. Begeistert teilten wir das Schema bei allen sich bietenden Gelegenheiten. Außerhalb der Betriebsgrenzen stießen wir stets auf anerkennende Rückmeldungen. Auf der Euphoriewelle des frisch Entdeckten veranstalteten wir interne Informationsworkshops, um die Belegschaft mitzunehmen. Die Mehrheit verstand das Modell. Trotzdem kam es regelmäßig zu einem ähnlichen Muster an Rückfragen.

EINFACH MEHRDEUTIG

Silke sitzt im Stuhlkreis. Sie hat geduldig zugehört, als Ella das Entscheidungs-Design-Modell erklärt hat. Kaum dass Ella fertig ist, legt sie los.

Klar, macht Sinn. Aber wie unterscheide ich Alltagsentscheide von den anderen? Beispiel: Vor einer Woche rief mich Jan an. Er hatte eine große Scheibe einzubauen. Die war wieder so bauchig, dass er die Montage abbrechen musste. Das bekannte Problem von einem unserer Lieferanten. Also, das Teil musste in die Reklamation. Wie der Zufall es will, kennt der Kunde einen Glashersteller in der Gegend. Er behauptet, der kriegt das hin. Jetzt besteht er darauf, dass wir dort den Ersatz beschaffen. Mach ich gerne. Ich frag mich nur, was ist das für ein Entscheid, Alltag? Struktur? Strategie?

Manuel aus der Werkstatt meldet sich.

Na, ist es dein Job, Glas einzukaufen? Ganz klar Alltag, was denn …

Silke unterbricht abrupt ihren Kollegen.

Ich kauf die Scheibe, na logisch. Das ist mein Job. Dann kommt aber ein Rattenschwanz hinterher. Tatsächlich muss mir der Hauslieferant ja kostenlos das passende Teil liefern. Bestelle ich woanders, zahle ich doppelt. Verstehst du? Doch nehmen wir an, ich bekomm das geklärt. Hier der nächste Punkt. Laut DIN darf die Scheibe in der Größe diesen Bauch haben. Was also für uns ein Unding ist, passt für den Lieferanten wunderbar. Sprich, wir bekommen gar kein Geld. Soweit zur Reklamation. Es gibt allerdings auch noch eine größere Welt. Nämlich den Vorschlag eines neuen Lieferanten. Wie weiß ich, ob der gut für uns ist. Wer entscheidet das? Ich alleine? Also zurück zur Frage? Ist das Alltag? Struktur? Oder Strategie?

Ernst vom Service mischt sich ein.

Ich finde, es ist irgendwie auf jeden Fall Struktur. Ein genauer Grund fehlt mir. So rein vom Gefühl her, sollte es einfach kein Alltag sein.

Ella blickt ratlos zu Gebhard. Der sie bei der Vorbereitung des Workshops unterstützte. Er steht nachdenklich auf.

Ich denke, ihr habt alle recht. Lasst es uns mal nacheinander angehen. Die Scheibe ist für die Firma zweifelsfrei mangelhaft. Gegen-

über dem Endkunden für Ersatz zu sorgen ist Alltag. Silke muss das dafür Nötige in die Wege leiten.

Die vorhandenen Ablaufstrukturen sagen, dass sie es über den Hauslieferanten abwickelt. Auch Alltag. Jetzt kommt vom Kunden der Anspruch, einen frischen Lieferanten einzuschalten. Richtet sich Silke nach dem Wunsch, arbeitet sie außerhalb der bestehenden Strukturen. Gilt es nur für diesen einen Fall, bewegen wir uns zwar in einer Grauzone, ich stufe es allerdings immer noch als Alltag ein. Sie würde ja beim Neuen dem gleichen Prozedere folgen, wie beim Bekannten. Oder?

Silke nickt.

Also bisher liegt Ernst richtig.

Ernst lächelt zufrieden. Gebhard redet weiter.

Im Beispiel gibt es zusätzliche Aspekte. Laut Silke kommen die bauchigen Gläser und die damit verbundenen Reklamationen häufig vor.

Jetzt murmelt der ganze Raum voll zustimmender Verärgerung. Gebhard wartet, bis die Aufregung sich legt.

Wenn regelmäßig dieselben Probleme auftauchen, bedeutet das meistens, dass unsere Strukturen zu viele Fehler zulassen. Können wir die Auslöser erkennen, sind sie Grund genug, zu verändern. Ziel ist, dass die nötigen Schritte wieder zu Alltag werden. Was heißt das in Silkes Fall? Kennst du einen systematischen Auswahlprozess für Hauslieferanten?

Silke schüttelt den Kopf. Gebhard fragt weiter.

Du weißt nicht, wie du mit der Anfrage so umgehen sollst, dass künftig auch Kollegen dort einkaufen können?

Erneutes Kopfschütteln. Gebhard fährt fort.

Also entweder müssen wir denjenigen finden, der zurzeit neue Lieferanten integriert, oder den Prozess entwickeln und einführen. Das ist Strukturarbeit mit Strukturentscheiden. Abschließend noch zum Hinweis, dass es immer derselbe Lieferant ist, bei dem es zu Schwierigkeiten kommt. Möglicherweise ist es sinnvoll, sich von ihm gänzlich zu trennen. Ist die Liefermenge bei ihm allerdings hoch, kann das die komplette Leistungskette der Firma gefährden. Sprich, die Existenz. Dann reden wir von einer Strategieentscheidung. Das geht die gesamte Belegschaft was an. Es sind ja eure Arbeitsplätze.

KNAPP DANEBEN

Die Infoveranstaltungen zeigten uns verschiedene Dinge:

• Wir schaffen es, formal hierarchische Einzelentscheide abzuschaffen.

• Die Ebenen Alltag, Struktur und Strategie zu unterscheiden, lernt man nur mit regelmäßigem Üben.

• Sämtliche Organisationen leben einen eigenen Reifegrad. Bei Heiler war es vorher unüblich, dass Mitarbeiter in strukturelle oder strategische Entscheidungen einbezogen wurden. Selbst im Alltag lief vieles abschließend über den Schreibtisch des Eigentümers. Entsprechend leicht oder schwer fällt ihnen die Anwendung der Erkenntnisse aus dem Entscheidungs-Design.

Wir erkannten auch, wie zäh der Weg werden würde, bis das Design den Normalzustand beschreibt. Seither unterstützen wir alle, die täglichen Ärgernisse zwischen Alltag, Struktur und Strategie zu unterscheiden und entsprechend zu handeln. Da dranzubleiben, ist klare Aufgabe der Katalysatoren.

Darüber hinaus nehmen sie strukturelle wie strategische Schwachstellen auf. Sie überlegen sich, wen die damit zusammenhängenden Veränderungen betreffen. Sie organisieren Besprechungen, in denen sich die Mitarbeiter austauschen. Schlussendlich führen sie Veranstaltungen zur Entscheidungsfindung durch.

Das ist eine Menge Strukturarbeit. Da verliert man schnell den Alltag aus den Augen. An einem Nachmittag in der Zeit, in der wir das Entscheidungs-Design relativ frisch entdeckt hatten, saßen wir vor dem Flipchartpapier mit der Darstellung des Entscheidungs-Designs.

. . . .

Stephan schaut sie kurz gedankenverloren an und kommentiert.

Ich glaub, es funktioniert nicht.

Gebhard horcht auf. Seit Wochen gibt es die Runden, in denen sie strukturelle wie strategische Probleme durchkauen. Heute steht die Vorbereitung der nächsten Betriebsversammlung an. Auf ihr soll es um nötige Beschlüsse gehen, die Veränderungen einzuleiten. Er wartet auf die Erklärung. Stephan zögert, dann spricht er weiter.

Wir unterstellen, dass die Kollegen die Firmeninteressen in ihre Entscheidungen einbeziehen. Bei Struktur- und Strategiefragen schaffen wir das durch die Methoden und die Moderation. Doch warum sollten sie es im Alltag tun? Ich hörte neulich die Geschichte von einem Monteur. Er macht gerade die dritte Montage an diesem Tag. Es ist Viertel vor vier. Da stellt er fest, dass ein Satz Schrauben fehlt. Möglichkeit A, er fährt zum nahe gelegenen Baumarkt, holt dort die Teile, kehrt zurück und montiert bis 17.30 Uhr fertig. Das täte dem Betrieb gut. Option B ist, er schreibt ein Reklamationsprotokoll und bricht die Baustelle ab. So kommt er pünktlich in den Feierabend. Ich verstehe jeden, der B wählt.

Gebhard schaut auf die Dächer im Industriegebiet.

Würdest du die gleiche Wahl treffen?

Stephan schüttelt den Kopf. Er lacht.

Natürlich nicht. Es ist ja meine Firma.

Er wird wieder nachdenklich.

Es gibt aber noch was anderes. Inzwischen machen wir derart viele Sitzungen, dass einige über die Woche kaum zur konkreten Arbeit kommen. Wenn die Kollegen sie nicht auffangen, staut sie sich bis zum Kollaps. Was soll ich sagen? Auf Papier sieht es schlüssig aus. Trotzdem hab ich den Eindruck, wir verzetteln uns in Besprechungen zu Prozessen, Gewohnheiten usw. Und der Alltag, mit dem wir Geld verdienen, bleibt zunehmend auf der Strecke. Für jedes Meeting denken wir uns ein Vorgehen aus. Sprich, wir improvisieren. Außerdem wollen wir ja die Belegschaft einbinden. Immer gleich eine Betriebsversammlung einzuberufen ist allerdings völlig unrealistisch. Die Teilnehmer tragen natürlich nur das weiter, was für sie wichtig ist. Also erfährt der Rest nur einen meinungsgefilterten Bruchteil. Wir räumen die Missverständnisse danach in etlichen Einzelgesprächen wieder auf. Reicht es, oder willst du zusätzliche Punkte?

Gebhard schüttelt den Kopf. Der Nachmittag fließt in den Abend, bis die Betriebsversammlung vorbereitet ist. Die übrigen Fragen müssen sich erst einmal setzen.

EINMAL KAPITULIEREN UND ZURÜCK

Das Entscheidungs-Design ist ein zentraler Baustein. Für sich genommen genügt er dennoch nicht, um Weisungshierarchie zu überwinden. Auch die Kombination mit den Katalysatoren ändert daran kaum etwas. Wir kamen erneut an einen Punkt, an dem wir das Verhalten der Organisation hinterfragten.

War es an der Zeit, die Segel zu streichen? Wir schauten auf den scheinbar endlosen Sitzungsmarathon. Die stille Post verursachte Stress. Das paarte sich mit einigen Angestellten, die, wie der Monteur aus Stephans Erzählung, ihre hinzugewonnene Eigenverantwortung vor allem zur persönlichen Vorteilsoptimierung nutzten, wie etwa dem zeitigeren Feierabend. Wir erfüllten scheinbar erneut die Vorurteile über den unüberwindbaren Egoismus der Menschen. Trotzdem gab es Unterhaltungen, die uns an unserem Weg festhalten ließen.

· · · · · · ·

Gebhard ist am Produktionsstandort angekommen. Seine Suche nach Roland bleibt ohne Ergebnis. Schließlich trifft er zwei Kolleginnen an. Sie teilen ihm mit, dass Roland heute schon Feierabend gemacht hat. Auf die Frage: *Und sonst?* folgt ein Schwall an Beschwerden.
Nachdem sich ihre Kollegin über das ständige Fehlen von Roland beschwert hat, ergreift Silke das Wort.

Das müsst ihr doch auch merken?! Wir haben Kollegen, die gehen lieber auf eine Sitzung, als was zu arbeiten. Die Übrigen müssen dann schauen, wo sie bleiben. Außerdem wollt ihr von uns, dass wir die Kompetenzen erweitern. Ich hab bisher nur den Versand gemacht. Künftig soll ich auch den Einkauf können. Bald kommt dann noch die Glasbestellung dazu. Das braucht auch Ruhe. Die gibt es natürlich nicht, wenn jeder kommt und geht, wie er will. Mit dem Mist können wir uns an niemanden wenden. Die Vorgesetzten sind ja weg. Also prügeln wir gegenseitig aufeinander ein. Eine tolle Arbeitsatmosphäre.

Gebhard hört ihr zu.

Warum meldet ihr euch nicht bei den Katalysatoren?

Beide zucken die Schultern.

Ihr habt ja genug um die Ohren. Den Krimskrams sollten Erwachsene unter sich klären. Leider haben wir hier einige Kinder.

Gebhard spielt mit dem Locher auf dem Schreibtisch vor sich.

Ich verstehe dich, aber die Probleme wegzaubern können wir ja kaum. Was sollen wir machen, wieder zurück zu Führungskräften?

Beide schütteln energisch den Kopf, aus Silke bricht es heraus.

Egal was, bloß nicht zurück!

Weihnachtsgrüße

Wir erkannten, dass die Mehrheit der Belegschaft inzwischen mitging. Sie wollten wie wir, dass die neue Organisation ohne formelle Führungsmacht gelingt. Eines war klar, die Angestellten brauchten wieder mehr Zeit für ihren Alltag. Sprich, die Sitzungen mussten effizienter werden. Dem Entscheidungs-Design folgend, suchten wir nach der Struktur, die unsere Besprechungen aufblähte. Und wir wurden fündig. In einem Gespräch kurz vor Weihnachten erfassten Stephan und Gebhard den typischen Verlauf der damaligen Meetings.

· · · · · · ·

Gebhard läuft im Besprechungsraum auf und ab. Er fragt Stephan.

Wie läuft es denn ab?

Stephan hebt die Schultern, schüttelt kaum merklich den Kopf.

Na ja, wir definieren das Thema, suchen eine Methode aus, legen die Fragen fest, laden ein …

Gebhard nimmt den Faden auf.

... Die Leute kommen zum Termin. Wir fangen an, nennen die Überschrift, steigen ein ...

Stephan unterbricht ihn.

... meistens wollen wir erst einmal wissen, was sie erwarten oder für Anliegen haben.

Gebhard nickt.

Stimmt, und dann geht's los. Es kommt eine Geschichte, auf die folgt sofort die nächste, sie stützt die erste oder behauptet das Gegenteil. Wir springen vom Hundertsten ins Tausendste. Bis alle ihre Storys durchhaben, sind von den zwei Stunden Sitzung neunzig Minuten schon um. Den konkreten Ausgangspunkt des Treffens kennt nur noch der Moderator, wenn überhaupt. An diesem Punkt beginnen wir, die Einzelheiten zu clustern. Wir suchen Oberbegriffe. Sortieren die Zusammenhänge. Jetzt ist das Meeting beinahe vorbei ...
Stephan übernimmt erneut.

... schnell, schnell zurren wir das Offensichtliche fest. Bleibt etwas unklar, vereinbaren wir einen Folgetermin.

Gebhard ergänzt im Rhythmus seiner Schritte.

Dann gehen die Teilnehmer raus. Hin und wieder reden sie mit Kollegen. Wer nicht dabei war, kann mit den Ausdrücken aus der Gliederung wenig anfangen. Das Verständnischaos ist vorprogrammiert.

Beide nicken zustimmend. Stephan lächelt.

Uns fehlt ein System, das die ersten eineinhalb Stunden beträchtlich verkürzt. Eine gute Denksportaufgabe über die Festtage.

Selbst

ist die Steuerung

Üblicherweise verbringt Gebhard den Jahreswechsel bei der Familie seiner Frau in Barcelona. Für ihn ist es Erholung. Die Sonne wärmt bei knapp zwanzig Grad. Er trifft verschiedene Geschäftskontakte. Die Schwiegermutter verwöhnt mit ihrem Essen. Er und seine Frau kommen mit Schul- wie Studienfreunden zusammen. Die Kinder verbringen Zeit mit ihren Cousins. Ohne den üblichen Alltagsstress bleibt dazwischen Raum für Reflexion. Regelmäßig entstehen hier frische Ideen. Dieses Jahr gibt es einen konkreten Anlass. Die Laberei in den Sitzungen bei Heiler muss weniger werden.

> > > > >

Gebhard

Ich sitze am antiken Sekretär meines angeheirateten Großvaters. Im Notizbuch vor mir stehen die Überschriften, um die viele Besprechungen kreisen. Geschäftsmodell, Prozesse, Kommunikation, Entscheidungen. Ich male eine Grafik, die an klassische griechische Tempelarchitektur erinnert. Aus der Treppe am Fuß des Gebäudes ragen drei Säulen. Sie tragen ein Dreieck. Im unteren Quader steht Unternehmenskultur. Auf den Stützen Prozesse, Kommunikation und Entscheidungen. Sie halten das Dach. In ihm lese ich „Geschäftsmodell". Ich denke mir: Was für ein technokratischer Mist. Alles eckig. Nichts Natürliches.

Ich tippe auf der Tastatur des Laptops, das neben meinem Block liegt. Ich schreibe Schlagwörter in die Suchmaschine: Biologisch – generell – Modell und klicke auf den Reiter „Bilder". Eine Liste von Biosiegeln schmückt den Bildschirm. Ich tausche die Reihenfolge der Wörter. Nacheinander lass ich einen der Begriffe weg. Kaum eine Veränderung. Dann ändere ich wahllos die Ausdrücke. Vier Versuche später steht „biologisch – Aufbau – Struktur" im Suchfeld. Ich bestätige mit Enter. In der zweiten Bildreihe erscheint die verschlungene Doppelhelix des menschlichen Genoms. Ich vergrößere die Grafik. Ich zähle acht Bausteine pro Windung. Ich bin angefixt. Was für ein Hammer, wenn sich da ein Zusammenhang herstellen ließe.

Ich übertrage die beiden Stränge und ihre Elemente in mein Notizheft. Am linken Rand notiere ich „Geschäftsmodell". Die Puzzle-

stücke fallen ineinander. Knapp eine Stunde danach erkläre ich meiner Frau in der schwiegerelterlichen Küche zum ersten Mal die sozialgenerische Firmen-DNA[13].

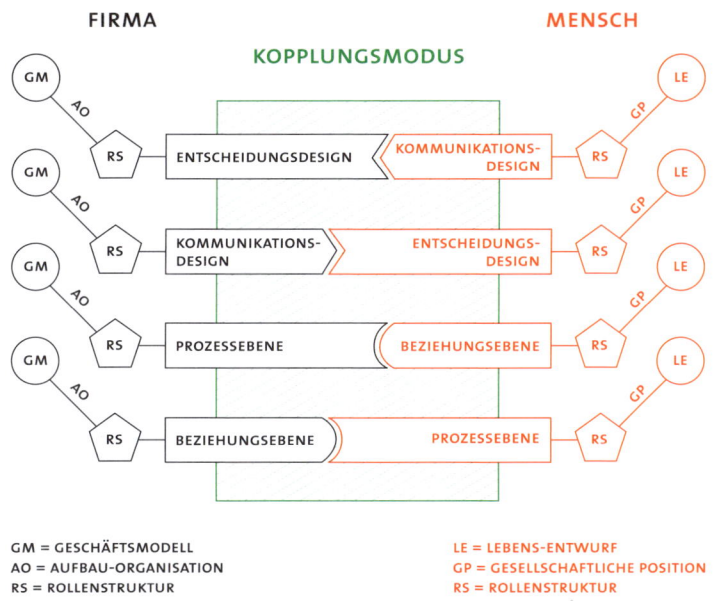

GM = GESCHÄFTSMODELL
AO = AUFBAU-ORGANISATION
RS = ROLLENSTRUKTUR

LE = LEBENS-ENTWURF
GP = GESELLSCHAFTLICHE POSITION
RS = ROLLENSTRUKTUR

NEUE BWL ERFUNDEN – CHECK!

Es vergehen keine zehn Tage, bis Stephan und Gebhard sich in Waghäusel treffen, um die Idee zu diskutieren. Gebhard erklärt Stephan den Aufbau:

Die drei DNA-Bausteine – das Geschäftsmodell, die Aufbauorganisation und die Rollenstruktur – wirken an jeder Stelle der Firma. Sie bilden firmenseitig den Rahmen der DNA. Was die Mitarbeiter ein-

---

13 Uns ist bewusst, dass wir zum besseren Verständnis einen biologisch klar definierten Begriff als Metapher nutzen, von dem das Denkwerkzeug erheblich abweicht.

vernehmlich darunter verstehen, ist ausschlaggebend für viel oder wenig Stress in der Organisation. Je mehr Sichtweisen es gibt und je unterschiedlicher sie sind, desto häufiger kommt es zu Missverständnissen und Wildwuchs.

Stephan nickt nachdenklich. Und was bedeutet das auf der anderen Seite?

Im Menschenstrang gibt es vergleichbare Bausteine. Hier entspricht der Lebensentwurf dem Geschäftsmodell. Anstatt in einer Aufbauorganisation leben wir außerhalb unserer Arbeitsplätze in gesellschaftlichen Strukturen. Beispielsweise organisieren wir uns in Vereinen oder bleiben lieber ungebunden. Manche engagieren sich politisch, während einige bevorzugen, Mitglieder in Organisationen wie Greenpeace, Oxfam oder im Lions Club zu sein. Auch der eigene Blog, die Facebookseite, der Twitterkanal positioniert einen in der Gesellschaft. Für die Rollen sind wir jenseits der Arbeit von vornherein eher natürlich aufgestellt. Wir kommen als Kind auf die Welt. Viele sind Geschwister. Wir finden Freunde und Bekannte. Bei einigen kommt es sogar zu gelebten Feindschaften.
Lebensentwurf, gesellschaftliche Position und die Rollenstruktur bilden den menschseitigen Rahmen der DNA. Sie wirken an jeder Stelle unseres Lebens.

Stephan ist skeptisch.

Müssen wir auch noch ein eigenes Firmenmodell haben? Reicht es nicht, dass wir auf Führungskräfte verzichten? Alle können und sollen offen ihre Meinung sagen. Wir arbeiten funktionsübergreifend zusammen. Als wir uns in die Weihnachtsferien verabschiedeten, sollte es konkret werden. Verlieren wir nicht langsam die Bodenhaftung?

Die Begeisterung weicht aus Gebhards Gesicht. Er denkt über die Einwände nach. Er schaut auf die Zeichnung in seinem Notizbuch. Dann zu Stephan.

Ich hab ja ein passendes Modell gesucht. Leider fand ich keins, mit dem wir klarkommen. Die einen sehen Firmen im Zusammenhang von Wertschöpfungs- und Supportprozessen. Andere machen es an der Matrix- oder Projektorganisation fest. Egal wie, sie sind funktional, kalt, entmenschlicht. In der DNA spielen die Mitarbeiter als lebendiges Gegenstück zur abstrakten Firma eine gewichtige Rolle.

Stephan tritt zur Flipchart. Er malt die beiden Stränge auf das Blatt. Den einen überschreibt er mit Firma, den zweiten mit Mensch.

Die Menschen sind mit dem Unternehmen verwoben. Einverstanden. Das Bild ist verständlich. Allerdings der Rest? ... Lässt sich das nicht einfacher darstellen? Was glaubst du, wer kapiert allein die Ausdrücke? Geschäftsmodell, Aufbauorganisation, Rollenstruktur und so weiter. Das erinnert mich an meine Ausbildung. Am Ende erfinden wir eine alternative Betriebswirtschaft. Und die Belegschaft soll sie erlernen? Wer will das überhaupt?

Gebhard stellt sich neben Stephan. Er ergänzt die Elemente rund um die Linien.

Vor Weihnachten suchten wir Überschriften, um uns in den Sitzungen Zeit zu sparen. Wir erkannten, dass die Mannschaft inzwischen bei allen Themen des Betriebs mitredet. Was sollen wir denn weglassen? Kommunikation? Prozesse? Entscheidungen? Beziehungen? Das sind nun mal die Titel der wiederkehrenden Thematiken. Oder?

Stephan nickt träge. Gebhard fährt fort.

Die DNA bildet einen Zusammenhang. Zwischen den Fragestellungen, die die Firma betreffen, und den Menschen. Fehlte uns nicht genau das?

Stephans Blick erhellt sich.

Außerdem hilft es uns bei der Veränderung!

Gebhard stimmt begeistert zu.

Korrekt, endlich kommt alles in ein verständliches, natürliches Bild. Und trotzdem immer firmenspezifisch. Keine Firma ist gleich ...

Stephan unterbricht ihn.

Ich meine etwas anderes. Wir diskutieren uns regelmäßig den Mund fusselig. Etwa wenn wir darüber reden, dass der Markt aufgehört hat zu wachsen und sich deshalb der Wettbewerb verschärft. Du und ich schlagen dann vor, den Kundenstamm zu sortieren. Um daraus abzuleiten, wen wir wie intensiv betreuen. Die Kollegen regen sich auf. Sie sagen: Wollt ihr ernsthaft von uns, dass wir Kunden unterschiedlich gut behandeln und manche sogar bewusst verlieren sollen? Wir versuchen, das geradezurücken. Ruckzuck stecken wir mitten in einer sinnlosen Grundsatzdiskussion über Werte, Haltung usw. Nach zwei Stunden endet der Termin. Viel Gelaber ohne klare Erkenntnisse. Die Beteiligten kehren ergebnislos und frustriert zurück an ihre Arbeit.

Gebhard ist neugierig.

Und was macht jetzt deiner Meinung nach die DNA?

Stephan deutet auf den Kreis, in dem GM steht.

Na, wir befinden uns beispielsweise nur in der Schublade Geschäftsmodell. Wir philosophieren nicht mehr darüber, wie sich die Kunden vermutlich von uns behandelt fühlen. Stattdessen können wir nüchtern die Veränderung und ihre Auswirkungen rein auf das Geschäftsmodell besprechen.

Gebhard nickt nachdenkend. Stephan legt nach.

Schau her. Wir zeigen, was anders ist. Bleiben wir im Beispiel. Bis vor ein paar Jahren wuchs der Markt. Es gab immer zusätzliche Käufer. Das bedeutet, keine Konkurrenz, um Abnehmer zu finden. Bei uns hieß das dann, wir behandeln alle gleich. Seit 2012 stagniert die Gesamtnachfrage. Das heißt, die Marktveränderungen fragen die Firma: Müsst ihr euer Verhalten umkrempeln, um weiterhin erfolgreich zu sein? Wir geben die Anfrage an die Belegschaft weiter. Den Prozess moderieren wir als Katalysator. Mit der DNA findet die Auseinandersetzung zwischen Alt und Neu zusammenhängend im Element Geschäftsmodell statt. Wo sie erst einmal hingehört. Nicht etwa im Kommunikations-Design – Wie reden wir mit unseren Kunden? – . Sie ist konzentriert. Erst wenn wir das geklärt haben, schauen wir auf die Auswirkungen in den anderen Elementen. Die Wahrscheinlichkeit von Endlosdebatten sinkt drastisch. Das gefällt mir! Wie bekommen wir deine Betriebswirtschaftsalternative jetzt unter die Leute?

· · · · · · ·

Wir nutzen die Firmen-DNA, damit alle Mitarbeiter besser verstehen,

- wie das ganze Unternehmen tickt.

- wo Probleme herkommen.

- was wir tatsächlich ändern sollten.

- welche Sprache wir innerhalb der Organisation sprechen.

Das klappt nur, wenn alle die Inhalte der verwendeten Überschriften kennen. Also was bedeuten die Schubladen? Wir werden sie Ihnen im Folgenden von außen (Geschäftsmodell) nach innen (Prozess-Ebene) erklären.

Denn Sie wissen, was sie tun?

Vielleicht ist es bei Ihnen auch so? Bei uns verstand unter Geschäftsmodell jeder etwas anderes. Im Vertrieb ging es um die Kunden:

Wir arbeiten mit unseren Installateuren und Badstudios partnerschaftlich zusammen, Endkunden können unsere Produkte nur dort kaufen.

Beim Service stand das persönliche Rüstzeug im Vordergrund:

Bei uns treffen die Leute auf kompetente Ansprechpartner. Wir sind kein losgelöster Söldnerhaufen, der mit Heiler gar nichts zu tun hat.

In der Produktion kam es auf Verständnis an:

Natürlich geht auch mal was daneben. Bei uns häuft sich das halt. Egal was schiefläuft, es kommt schlussendlich aus der Werkstatt oder dem Versand. Wir hatten es als Letzte in der Hand. Es wäre erfreulich, wenn die draußen auch sehen würden, wie viele Aufträge funktionieren, anstatt immer nur auf den Reklamationen rumzuhacken.

In der Buchhaltung ist es der nüchterne Strich unter der Gesamtrechnung:

Wir wissen ja, dass im Frühjahr die Umsätze marktbedingt schwächeln. Es macht uns trotzdem jedes Mal nervös.

. . . .

Eines ist klar: Das Geschäftsmodell wirkt sich im ganzen Betrieb aus. Bis zur Transformation war es allein Aufgabe der Geschäftsleitung, die Belegschaft mit all den unterschiedlichen Blickwinkeln unter einen Hut zu bringen. Zwei Jahre nach unserem Einstieg in die Veränderung öffneten wir das Thema für alle.

GESCHÄFTSMODELL GENERIERUNG

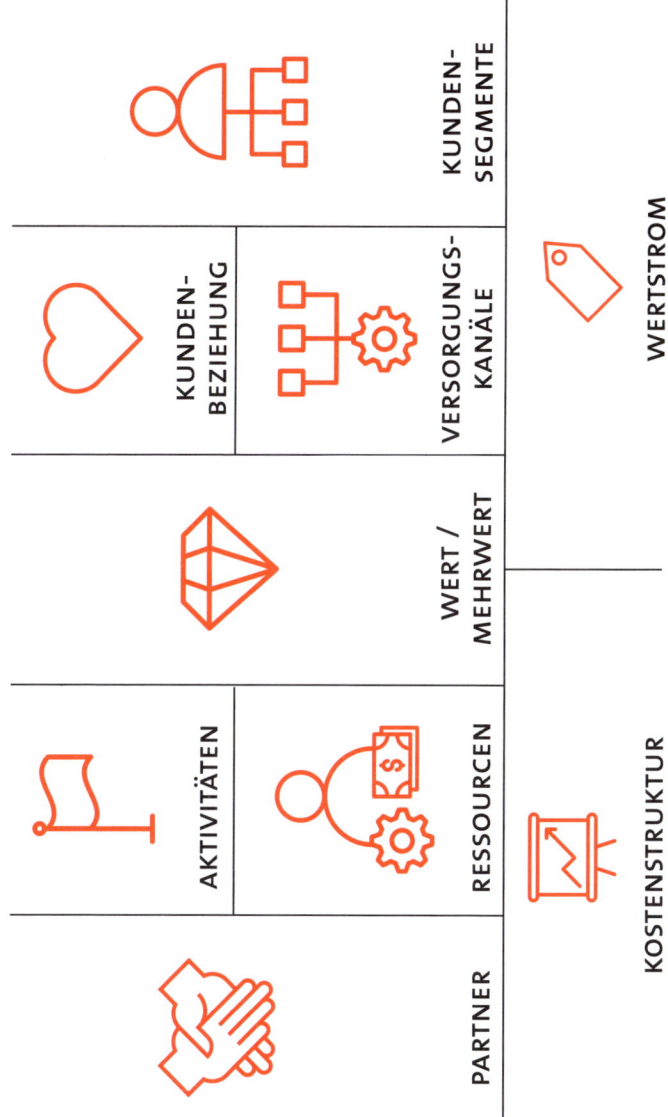

PARTNER

AKTIVITÄTEN

WERT / MEHRWERT

KUNDEN-BEZIEHUNG

KUNDEN-SEGMENTE

RESSOURCEN

VERSORGUNGS-KANÄLE

KOSTENSTRUKTUR

WERTSTROM

Es gibt viele Wege, das Thema darzustellen. Typisch wäre beispielsweise ein klassischer Businessplan. Damit können allerdings selbst kaufmännisch ausgebildete Menschen häufig nur wenig anfangen. Wir wählen zur Darstellung innerhalb der Firmen-DNA deshalb die Business Model Generation Canvas von Alexander Osterwalder. Sie beantwortet zusammenhängend alle relevanten Fragen rund um das Geschäftsmodell umgangssprachlich. So erschließt es sich der ganzen Belegschaft. Das zeigt zugleich ein Grundprinzip der DNA. Als Denkwerkzeug nutzen wir bekannte Konzepte und Methoden, um die Inhalte der einzelnen Bereiche genau zu beschreiben.

Bei der Business Model Generation nach Osterwalder steht der Wert (Value Propositions) im Mittelpunkt, für den Kunden bereit sind, etwas zu bezahlen. Rechts davon beschreibt das Unternehmen in den verschiedenen Feldern (Herz, Zahnrad, Personen & Etikett), wie es mit dem Markt in Kontakt und schlussendlich zu seinem Geld kommt. Links (Fahne, Geldschein, Hände & Chart) fasst es in den Blöcken zusammen, was es tun muss und wie aufwendig es ist, damit das klappt.

Die einzelnen Bereiche befüllte die Belegschaft auf einer Betriebsversammlung. Seither kennt jeder das Geschäftsmodell der Firma und ist aufgefordert, es mitzugestalten. Wie sich das im Alltag auswirkt, zeigt eine anschließende Unterhaltung mit einem Außendienstler.

· · · · · · ·

Urs läuft aufgebracht im Büro von Stephan hin und her.

Das kannst du dir nicht vorstellen. Ich weiß ja nicht, ob ihr das wolltet. Doch Sophia überschreitet klar ihre Kompetenzen!

Stephan blickt ihn verständnislos an.

Was ist denn passiert? Bisher hast du mir ja noch gar nichts erzählt.

Urs atmet tief ein. Er lässt sich in den Stuhl fallen.

Wir reden davon, dass sie meine Entscheidungen kritisiert. Ich hab einem Kunden, bei dem die letzten beiden Aufträge nicht rundgelaufen sind, einen Sonderrabatt eingeräumt. Außerdem gab ich ihm einen Nachlass auf den Montagesatz. Das ist alles auf den Auftragspapieren vermerkt. Dann ruft mich Sophia an und erklärt mir, dass das so nicht geht. Ich könne nicht die Kollegen aus dem Service verramschen. Und auch sie weiß nicht, woher ihr Gehalt kommen soll, wenn ich derart den Preis reduziere. Die hat doch keine Ahnung, wie es ist, sich beim Kunden rechtfertigen zu müssen. Der droht einem gleich mit dem Wechsel zum Wettbewerb.

Den letzten Satz schreit Urs schon beinahe heraus. Stephan hebt die Hände, um ihn zu beschwichtigen.

Hast du ihr das erklärt?

Urs schüttelt energisch den Kopf.

DAS ist ja wohl nicht mein Job! Mir reicht es, dass ich vor den Kunden buckeln muss. Ich brauch da keine vorlauten ...

Stephan fällt ihm ins Wort ...

... Dienstboten?

Urs erschrickt. Er nickt und verlässt nachdenklich das Büro.

· · · · · · ·

Seit die Mitarbeiter das Geschäftsmodell kennen und mitgestalten, steigt das Mitdenken in betriebswirtschaftlichen Zusammenhängen. Dabei geht es unter den Kollegen auch einmal hoch her. Dann ist es die Aufgabe von uns Katalysatoren, in den Konflikten zu vermitteln. Für die Firma überwiegen klar die Vorteile. Die Mehrheit berücksichtigt zunehmend die Interessen des Unternehmens als Ganzes in ihrem täglichen Tun, seit sie die Wechselbeziehungen auch auf Augenhöhe begreifen.

Tausendsassa als Pilot für Flickenteppich gesucht

Wir wollen, dass die Belegschaft sauber ineinandergreift, um das Geschäftsmodell erfolgreich zu leben. Den Anspruch teilen wir wohl mit jedem Unternehmen. Hat die Firma mehr als 12 Mitarbeiter, die sich täglich im Büro treffen, braucht es dafür eine Aufbauorganisation.

Als wichtiges Unterscheidungsmerkmal für deren Erfolg haben wir das Verhältnis zwischen Effizienz und Effektivität ausgemacht. Effizient sein heißt für uns, Dinge wiederholt, fehlerfrei ohne Verschwendung zu tun. Das klingt verführerisch schlüssig. Effektiv sein bedeutet für uns zuvorderst, die richtigen Dinge zu tun. Dafür akzeptieren wir, was die Effizienzoptimierer unter Fehlschlägen und Vergeudung verorten. Etwa aus Fehlern lernen oder in einem Stuhlkreis sich Zeit nehmen, um anderen zuzuhören. Wir erkennen das sogar als notwendig an, um weiterzukommen. Die formale Hierarchie ist die Grundstruktur einer effizienten Aufbauorganisation. Mit der Entscheidung, auf sie zu verzichten, brauchten wir alternative Antworten, wie sich eine Organisation strukturieren lässt.

Bei uns ist also die Effektivität tonangebend. Eine Folge daraus war, dass wir uns von hocheffizienten Spezialistenjobs verabschiedeten. Wir erinnern uns noch an einen der ersten Workshops mit Gebhard.

· · · · · · ·

Damals ging es darum, ihm zu zeigen, wie wir ticken. Wir saßen am Produktionsstandort mit dem sogenannten Büro Service zusammen. Vier Mitarbeiterinnen erklärten nacheinander ihre Aufgaben. Schnell war klar, jede stand für eine Ein-Frau-Abteilung. Es gab die Disposition, den Wareneinkauf, den Versand und die Reparaturen. Gebhard fragte:

Und was macht ihr, wenn eine in Urlaub oder krank ist?

Einhellig kam die Antwort:

Das kriegen wir schon irgendwie hin, doch es ist immer ein Problem.

· · · · · · ·

Dieses Bild zog sich durch die ganze Firma. Der Auftragsprozess war so in seine Einzelaufgaben zerstückelt, dass kaum noch jemand einen Überblick hatte. Alle schauten nur auf sich. War das nun die Auftragserfassung, die Konstruktion oder der Glaseinkauf. Das Unternehmen glich einem bunt zusammengestückelten Patchworkteppich. Dabei werkelten alle nur in ihrem Flicken vor sich hin. Die ganze Firma, als sich langsam verschleißenden Teppich, sah niemand.

Mit Denkanstößen aus dem Pfirsich-Modell von Gerhard Wohland[14] gestalteten wir die aktuelle Aufbauorganisation. Er sieht die Organisation von außen nach innen anstatt von oben nach unten. In Folge sind die Übersicht und das Verständnis für Prozesse wertvoller als ihre Zerstückelung in immer kleinere Einzelschritte. Daraus ging die Aufgabe für die Belegschaft hervor, neue Teams zusammenzustellen. Sie führten die verschiedenen, vorher in Abteilungen getrennten Aufgabenstellungen zusammen. Erstes Ziel war dabei, die Prozessverantwortung gegenüber dem Markt im Alltag verantwortlich wahrzunehmen. Was das heißt, verdeutlicht eine Unterhaltung, die Stephan mit Urs, dem Außendienstler, hatte.

· · · · · · ·

14 *Gerhard Wohland – Zentrum und Peripherie – Kollaps der Steuerung*
    (http://dynamikrobust.com/denkwerkzeuge/)

Urs fuchtelt erregt mit den Händen herum. Er ist vor Aufregung aufgesprungen.

Mensch! Da können wir doch gleich alles so lassen, wie es ist. Willst du, dass die Innendienstler keine Aufträge mehr erfassen? Oder sollen die jetzt plötzlich anfangen, Aufmaße zu machen? Das führt doch nur ins Chaos! Alles, was wir brauchen, ist ein ordentliches Schnittstellenmanagement!

Stephan hält es auch nicht auf seinem Stuhl.

Gerade da kommen unsere Probleme her. Sag mir mal, welcher der Manager, von denen keiner dageblieben ist, irgendwas besser hinbekommen hatte. Sobald es bei uns einen Vorgesetzten gab, hörten doch die meisten Mitarbeiter auf, selber zu denken. Die Chefs waren dann bald überfordert. Und größtenteils wurde es eher schlimmer.

Urs fällt ihm ins Wort.

Ja, ich hab ja kapiert, dass du die alten Zöpfe abschneiden willst. Aber was machen wir denn? Wir erstellen Listen von allen Aufgaben, die jeder macht. Dann sortieren wir sie in Markt, Produkt, Information, Prozesse und Organisation. Wo ist denn da das Neue?

Stephan setzt sich wieder hin. Er will, dass sich beide beruhigen.

Neu ist, die Menschen nicht mehr mit ihrer Funktion gleichzusetzen. Stattdessen brauchen wir soundsoviele Personen, um beispielsweise den kompletten Verkaufsprozess von Aufmaß bis Montage für das Hausgebiet hinzubekommen. In dieser Gruppe ist es egal, ob es einen gibt, der verkauft und gleichzeitig aufmisst, bei Montagen hilft und Angebote erfasst, oder jemanden, der Aufträge reinhackt, disponiert und auch noch Rechnungen schreibt. Entscheidend ist, dass der Prozess läuft und unsere Kunden durchweg kompetente Ansprechpartner antreffen, die Verantwortung übernehmen.

Urs kehrt ebenfalls zu seinem Stuhl zurück.

Dann bin ich künftig kein Außendienstler mehr? Stattdessen sorge ich, mit dem, was ich kann, dafür, dass die Geschäfte laufen? Egal wo's gerade brennt?

Stephan nickt.

Es ist nur natürlich, dafür zu sorgen, dass die Dinge ineinandergreifen, anstatt sich über die Funktion zu definieren. Die Abteilungen verschwinden. An ihre Stelle rücken die Organe. Je nach Umfang der Aufgaben kann es davon mehrere geben. Du gehörst künftig bestimmt zu einem Markt-Organ. Von denen gibt es mindestens zwei wenn nicht vier oder fünf. Das alles ist noch zu entscheiden.

Urs ist nicht überzeugt.

Klingt für mich nach vorprogrammiertem Durcheinander. Wer hat in so einem Markt-Organ das Sagen? Da machen doch alle, was sie wollen.

Stephan muss sich zusammenreißen, um nicht die Augen zu verdrehen. Wie oft hatte er die Diskussion jetzt schon geführt. Er atmet etwas tiefer als normal ein.

Der, der es heute auch tut. Unser Kunde!

Es entsteht eine Pause. Urs schaut auf seine Hände und grübelt. Schließlich hebt sich sein Kopf wieder.

Ich versteh dich. Überzeugt hast du mich immer noch nicht ganz. Aber ich mach soweit mal mit. Ich seh auch nicht, wie wir es anders besser machen können.

· · · · · · ·

Wie bereits in den vorherigen Kapiteln beschrieben, entschied die Belegschaft, die neue Aufbauorganisation im Rahmen einer mehrtägigen Großgruppenveranstaltung selbst. Seither strukturiert sich Heiler in aktuell zwei Markt-Organe, ein Produkt-Organ und ein Prozess-, Organisations- und Informations-Organ, kurz POI.

Die Markt-Organe erledigen alle Aufgaben, die im tagtäglichen Kontakt zu unseren Kunden anfallen. Das Produkt-Organ kümmert sich um Einkauf, Lagerhaltung und Versand. Es beinhaltet zudem die Werkstatt, die Produktentwicklung und die Konstruktion. Im POI arbeitet die Verwaltung, das Controlling, die IT, das strategische Marketing, die Geschäftsleitung und die Betriebskatalyse.

Indem die Prozesse die Funktionen als strukturgebendes Element ablösten, funktioniert auch die Aufbauorganisation ohne formale Führung. Soweit ist die Theorie stimmig. Bei uns Menschen sieht das etwas anders aus. Gebhard erfuhr schon bald, dass Mitarbeiter auch in der Organstruktur ihre Chefs vermissen.

Dichter Nebel

Gebhard moderiert eine Produkt-Organ-Sitzung. Ein Hauptthema ist die gelinde gesagt holprige Kommunikation zu den Markt-Organen. Beide Seiten beschweren sich über mangelndes Verständnis, Misstrauen, aufgebrachte und im Ton häufiger ausfallende Anrufe und so weiter. Manuel aus der Werkstatt ergreift gewohnt ruhig das Wort.

Früher gab es Vorgesetzte. Sie kümmerten sich um so was. Es ist doch normal, dass einige schlecht miteinander klarkommen. Wenn die dann unter Stress zusammen Probleme lösen wollen, gibts halt irgendwann Geschrei. Ihr erwartet da zu viel von uns. Wir können ja nicht alle zu Kommunikationsexperten werden. Wann sollen wir denn da noch unsere eigentliche Arbeit erledigen? Das Gleiche gilt im Übrigen für andere strukturelle Themen in der Firma. So was wie bessere Lieferanten finden, eine neue Maschine kaufen, das Lager umzuorganisieren. Solche Sachen eben.

Die Gruppe murmelt zustimmend. Silke ergänzt lautstark.

Ja, wir wissen überhaupt nicht mehr, wen wir ansprechen sollen. Geht das alles dann zu Stephan und dir? Das kann auch nicht sein. Früher gab es klare Zuständigkeiten. Heute gibt es nur noch Blindflug.

. . . .

Manuel und Silke benennen eine Lücke, die wir bisher nur unzureichend füllen. Während wir das Buch schreiben, fehlt in der Firma weiterhin die Klarheit in der Belegschaft, in welcher Situation sich ein nach Unterstützung suchender Mitarbeiter an wen wendet.

Die Hierarchie ordnet diese Verantwortung einfach den Funktionen zu. Ein Werkstatt-Teamleiter ist automatisch für alle Belange der Werkstattmitarbeiter zuständig. Für das Fachliche, das Menschliche, das Organisatorische etc. Ganz egal, wie gut oder schlecht er darin ist. In unserer Organstruktur ohne formale Führungskräfte beginnt die Auseinandersetzung mit mehreren Fragen:

- Sind Rollen weiterhin an Funktionen gebunden?

- Welche brauchen wir?

- Wer kann sie erfüllen?

- Wer will sie wahrnehmen?

Wir wissen inzwischen, dass es kein Weltuntergang ist, hier ein wenig im Nebel zu wandern. Die Mitarbeiter helfen sich aus. So gibt es natürliche Autoritätspersonen in allen Organen, zu denen die Kollegen gehen, um Rat und Unterstützung anzufragen. Eskaliert es dennoch, landen spätestens dann die Fälle bei uns Katalysatoren.

Um auch hier besser zu werden, setzen wir uns mit den genannten Fragen auseinander. Mit dem Verzicht auf die formale Führungsstruktur verlor sich zugleich der Zusammenhang Funktion ≈ Aufgabe ≈ Rolle. Wie Urs es andeutete, gibt es bei uns keinen Sachbearbeiter Auftragserfassung mit einem vorgesetzten Teamleiter Innendienst mehr. Stattdessen arbeiten Menschen in einem Markt-Organ. Ihr zentraler Prozess ist die Auftragsabwicklung. Sie fängt bei der Kundenanfrage an und endet mit der bezahlten Rechnung. Zu ihr gehören Tätigkeiten wie Verkaufen, Datenerfassung, Terminüberwachung usw. Alles, was Kunden jeden Tag direkt nachfragen, beantworten wir in diesem Team.

Aus den Gegebenheiten heraus repräsentieren alle Teammitglieder ständig die Firma. Mit Blick auf ihre Marktbeziehung ist Unternehmensvertreter wohl die zentrale Rolle. Untereinander halten sie im besten Fall zusammen. Auf einer Betriebsversammlung fiel uns lapidar Kollege als treffende Rollenbezeichnung dafür ein. Gebhard erinnert sich an den Workshop.

· · · · · · ·

Wie zwischenzeitlich üblich, war auch diese Betriebsversammlung mit Gruppenarbeiten zu verschiedenen Themen organisiert. Aufgrund der Probleme einiger Mitarbeiter, die richtigen Ansprechpartner zu finden, beschäftigte sich eine Session mit der fehlenden Rollenstruktur bei Heiler. Gebhard moderiert sie. Zum Einstieg schauen alle ein wenig wehmütig auf die Zeit zurück, als es noch Führungskräfte und mit ihnen klare Rollenverantwortungen gab. Sabine durchbricht die Nostalgie irgendwann.

Ist ja schön und gut, doch wir haben halt keine Vorgesetzten mehr. Inzwischen verstehe ich auch, dass es doof ist, Rollen von Funktio-

nen abzuleiten. So geraten wir schnell wieder ins alte Fahrwasser. Aber woran dann?

In der Gruppe sitzen fast nur Frauen. Einzig Dirk, der im Werkstattbüro sitzt, hat sich als Mann hierher verirrt. Nach der Frage von Sabine schauen alle neugierig auf Gebhard. Anstatt zu antworten, stellt er wie so häufig eine Gegenfrage.

Was für Rollen seht ihr denn heute schon? Und woraus leiten die sich ab?

Silke verdreht die Augen, Sophia setzt ein gequältes Lächeln auf, Mia stöhnt leicht genervt.

Echt jetzt, Gebhard. Quälst du uns wieder? Sag doch, was du weißt.

Gebhard gibt nach.

Ich weiß, dass ihr in vielen Situationen die Firma repräsentiert. Deshalb halte ich Repräsentant für eine notwendige neue Rolle. Außerdem sprechen wir ja schon lange über die Katalysatoren. Da bin ich allerdings gleich unsicher. Ist das nicht auch eine Herleitung anhand der Funktion?

Die Gesichter der Frauen bleiben angestrengt. Da meint Dirk:

Ich hab eine Idee. Wie wäre es, wenn wir sie von Beziehungen ableiten. Der Repräsentant kommt ja aus der natürlichen Beziehung von uns zu unseren Kunden zustande.

Silke steigt ein.

Nicht nur Kunden, auch Lieferanten, Freunde auf der Grillparty am Wochenende, Familie usw.

Dirk bremst sie ein.

Also gut ... Externe. Aber darauf will ich nicht hinaus. Ich meine, anstatt die Rollen aus den Funktionen abzuleiten, könnten wir sie aus den Beziehungen entwickeln. Nach dieser Logik gibt es dann so was wie Macher oder Kümmerer. Die brauchen wir überall.

Jetzt sind alle wach. Sophia fällt Dirk ins Wort und ergänzt.

Genau, das passt auch besser zu uns. Denn so kann ich schauen, für welche Rolle ich Talent habe. Wozu meine Eigenschaften passen. Das fühlt sich gut an.

Gebhard geht zur Flipchart und fängt an, die Erkenntnisse mitzuschreiben. Es entsteht die erste Liste der Rollen:

Ansprechpartner

Katalysator

Kollege/in

Koordinator

Repräsentant

Wir sind sicher, dass die Mitarbeiter in diesem Workshop den stimmigen Grundstein für unsere künftige Rollenstruktur legten. Allerdings beschloss die Belegschaft in derselben Betriebsversammlung, dass vorher noch andere Strukturthemen abzuarbeiten sind. Deshalb leben wir derzeit nach wie vor mit verschiedenen Ungereimtheiten bezüglich der Rollen.

Klar ist die Herausforderung, die Betriebskatalyse stabil einzubeziehen. Daneben rufen wir uns regelmäßig in Erinnerung, dass wir alle

Kollegen in derselben Firma sind. Auch wenn wir au~
lichen Organen kommen. Viele repräsentieren da'
außerhalb bewusster. Es gibt sicher noch einiges :
jeden Fall sind wir mit der Entdeckung, über die Bez.
zusteigen, auf einem guten Weg. Der Hinweis auf die Zu\
zu menschlichen Eigenschaften unterstützt zusätzlich. Gebı.
macht mit anderen Kunden weitere Erfahrungen in der Rollenent-
wicklung, die uns zugutekommen, sobald wir uns des Themas konzentriert annehmen.

Rahmen und Innenleben

Wir empfehlen Mitarbeitern, anhand dieser sechs Bausteine der
DNA – Geschäftsmodell, Aufbauorganisation, Rollenstruktur der
Firma, Lebensentwurf, gesellschaftliche Position und private Rollenstruktur – zu reflektieren, ob ihre Lebensart im Rahmen der Firma
ein stimmiges Umfeld findet. Wenn ja, ist das eine sehr gute Voraussetzung für Zufriedenheit und Erfolg – für den Menschen, wie
den Betrieb. Den Zusammenhang zeigt der Abschied des Prokuristen sehr gut.

· · · · · · ·

Es ist später Nachmittag. Armin, Stephan und Gebhard sitzen erneut zusammen. Das Thema? Die neuen Aufgaben des Prokuristen. Er macht eine ausholende Geste mit der rechten Hand.

*Ja, ja, ich verstehe jetzt die Zusammenhänge. Trotz meiner anfäng-
lichen Zweifel denke ich heute, das ist tatsächlich der richtige Weg
für Heiler. Ich hab nur keine Ahnung, was ich dazu beitrage. Ich steh
doch nur im Weg. Was bin ich denn wert, wenn die Entscheidung
die Leute selber treffen? Ich will anpacken, was bewegen, nicht bei
anderen daneben sitzen und zusehen, wie sie was auf die Reihe bekommen oder eben nicht.*

ephan zuckt hilflos mit den Schultern.

Das kannst du ja auch. Nur eben nicht mehr anweisend. Wenn du unbedingt jeden Tag Feuerwehr sein willst, geh doch in ein Markt organ. Das stell ich mir total gut vor.

Gebhard nickt zustimmend. Armin springt auf.

Seid ihr verrückt?! Was passiert dann mit meiner Prokura? Ich hab mir doch die letzten zehn Jahre hier nicht den Allerwertesten aufgerissen, um jetzt wieder zurück ins Glied zu gehen. Außerdem geht das zwischenmenschlich schief. Vom Anweiser zum Kollegen, das kann ich mir beim besten Willen nicht vorstellen.

Stephan schaut ihn direkt an.

Und das bedeutet?

Armin setzt sich wieder hin. Jetzt zuckt er mit den Schultern.

Ich denke, das ist klar. Ich bin raus.

AUF GEDEIH UND VERDERB

Seine Entscheidung freute uns keineswegs. Mit ihm ging ein zuverlässiger Mitarbeiter. Er hatte viel Wissen um die Prozesse, Strukturen und Geschichte der Firma. Er war ein zentraler Anker im Wachstum der vergangenen zwei Jahrzehnte gewesen. Gerne hätten wir ihm ein Angebot gemacht, das er nicht ablehnen konnte.

Allerdings widersprach die Entwicklung des Unternehmens seinem Lebensentwurf und seiner Vorstellung einer gesellschaftlichen Position. Er wollte Top-Führungskraft sein. Und zwar so, dass man es auch nach außen wahrnahm. Heute ist er in einem anderen Unternehmen Geschäftsführer. Aus heutiger Sicht betrachtet für ihn und die Firma ein sinnvoller Schritt aus den richtigen Gründen.

Er traf die Entscheidung, noch bevor es das Denkwerkzeug der DNA gab. Mit ihm hätten sich beide Seiten vermutlich einiges an Aufregung erspart. Mit ihm wäre schnell klar gewesen, dass sich die Wege trennen. Mit weniger Aggressionen, Vorwürfen und Reibung. Stattdessen mit mehr Verständnis und Respekt.

Die DNA-Bausteine, die den Rahmen bilden, ändern sich bestenfalls selten. Sie bieten Orientierung und Rückhalt für die Schnelllebigkeit des Alltags. Dieser findet sich in den inneren DNA-Elementen. Dem Kommunikations-Design, dem Entscheidungs-Design sowie der Prozess- und Beziehungsebene. Auf das Kommunikations- und Entscheidungs-Design von Heiler sind wir bereits in Kapitel sechs ausführlich eingegangen.

Wir erinnern uns. Für die Kommunikation benötigen wir Formate, in denen Teams wie große Gruppen produktiv arbeiten. Die Struktur der Entscheidungen stellen wir auf den Kopf. Strategie beschließen alle zusammen, während Alltag von jedem alleine verantwortet wird. So erreichen wir, dass die Mitarbeiter die Firma mitgestalten. Wie sehr, zeigt die Aussage von Ella gegenüber Stephan bei einem gemeinsamen Mittagessen.

· · · · · · ·

Es war schon eine Weile her, seit Ella und Stephan zusammen essen waren. Heute hatte es geklappt. Über die gesamte Mittagspause hinweg erörterten sie Ellas Liste der Dinge, die im Moment frustrierten. Für einige gab es schnelle Lösungen. In den meisten würde es wohl nur häppchenweise vorwärtsgehen, wenn überhaupt. Ella seufzt tief und setzt ein schiefes Lächeln auf.

Weißt du, was das Schlimmste ist?

Stephan zuckt mit den Schultern und schüttelt den Kopf. Sie fährt fort:

Das Schlimmste ist, dass mir letzte Woche klar wurde, dass es ganz egal ist, wie frustrierend es hier gerade läuft. Einen Job, in dem ich tatsächlich die Firma so mitentwickeln kann wie hier, find ich ja nie mehr …

Sie lacht, legt den Kopf schräg und ergänzt:

Ich muss also hierbleiben.

WIE, ICH SOLL ANDERE VERBESSERN?

Die Beziehungs- und Prozessebene vervollständigen die Alltags-DNA-Bausteine. In unserer Organisation ohne formale Führung, helfen uns die Prozesse dabei, Ordnung zu halten. Während in anderen Firmen Vorgesetzte ständig eingreifen und festlegen, wer wann was wie zu machen hat, soll das bei uns jeder Mitarbeiter aus sich heraus im Rahmen der Anforderungen aus dem Markt tun.

Das gelingt nur, wenn er versteht, wie seine Arbeit entsteht und wozu sie dient. Wir erinnern uns gut an den ersten Workshop, in dem wir zusammen mit den Kolleginnen und Kollegen ihre Prozesse erstmals dokumentierten.

· · · · · · ·

Heute wollen wir mit der Werkstatt, dem Versand und dem Büro Service ihre Abläufe dokumentieren. Wir sind nervös, denn abgesehen davon, dass es Freitagnachmittag ist, kündigten wir an, erst aufzuhören, wenn alles fertig ist. Gebhard steht in der Montagehalle. Er moderiert den Workshop und erklärt kurz die Vorgehensweise:

Wer von euch hat schon mal ein Prozessflussdiagramm gesehen?

Drei Mitarbeiter heben die Hände. Gebhard nickt.

Gut, ihr seid die Moderatoren für die Kleingruppen. Zu jeder Gruppe kommen noch mindestens zwei Personen hinzu. Der Moderator schreibt auf und sorgt dafür, dass die Reihenfolge der Arbeitsschritte eingehalten wird ...

Gebhard erklärt die einzelnen Schritte und Elemente. Es gibt Tätigkeiten, die schreiben wir auf rechteckige Karten. Entscheidungen stehen in Rauten. Mit diesen einfachen Elementen dokumentieren die Guppen jetzt ihre Prozesse.

Es geht konzentriert zur Sache. Stephan, Ralf und Gebhard laufen zwischen den Gruppen herum und helfen, wo Fragen entstehen. Ein Team beschäftigt sich mit dem Materialbschaffungsprozess. Als Gebhard vorbeikommt, halten sie ihn an.

Wir sind schon bei der zweiten Raute und eigentlich käme jetzt noch eine Entscheidung. Wie genau soll das denn am Ende werden?

Gebhard zuckt die Schultern.

So, dass andere, die den Prozess nicht kennen, ihn trotzdem verstehen.

Das Team seufzt gemeinschaftlich. Dirk lässt ein wenig die Schultern hängen.

Echt jetzt. Dann bleibst du aber bei uns, bis wir damit durch sind.

Zu unserer Überraschung bleibt die Konzentration hoch. Wir waren darauf gefasst, bis spät in den Abend hinein zu dokumentieren. Die Belegschaft ist allerdings so gut drauf, dass wir kurz nach

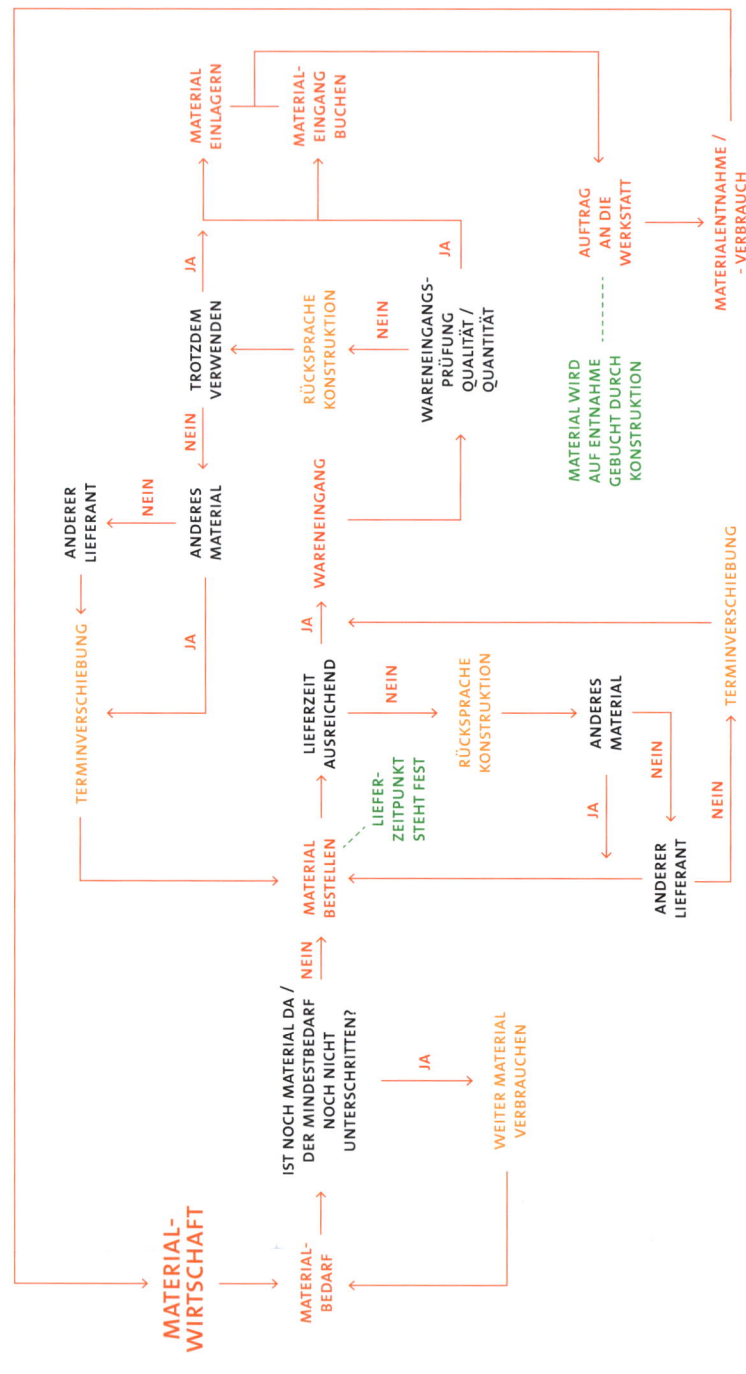

sechs zusammen im Restaurant am Platz sitzen und gemeinsam auf die Ergebnisse anstoßen.

. . . .

Wenn wir uns mit Menschen außerhalb der Firma darüber unterhalten, kommt häufig die Frage: *Und was ist mit den Prozessverbesserungen?* Unsere Antwort verursacht dann oft noch mehr Verwirrung: Wir wollen zuerst erreichen, dass alle verstehen, was sie gerade tun!

Ein Vorstand erklärte Gebhard einmal auf einer Konferenz:

Das ist der Grund, warum ich so was für totalen Kindergarten halte. Zeitverschwendung eben. Ich setze mich jedes Jahr mit exzellenten Prozessentwicklern zusammen. Wir schauen uns das Ist an und optimieren es. Ihr verbessert ja überhaupt nichts. Kann man ja von der Truppe so auch nicht erwarten. Das ist doch Kindergarten. Sie saßen zusammen, redeten und es verbesserte sich der Prozess. Klingt schon fast esoterisch.

So eine Unterhaltung berührt recht schnell die Grundsatzfrage, wann und ob man Mitarbeiter in strukturelle Entscheidungen einbezieht. Für uns sind allerdings ganz andere Aspekte wichtig. Wir beobachten, wenn wir das Prozessverständnis mit der Belegschaft erarbeiten, dass

• Die Menschen schon bei der Arbeit Verbesserungen erkennen, die sie später tatsächlich ohne großes Murren einfach umsetzen.

• Das Verständnis für die einzelnen Arbeitsbereiche und / Prozessabschnitte wächst. Damit verbessert sich häufig auch die Beziehung zwischen den Kollegen. Der Stresspegel sinkt.

• Es allen leichter fällt, sachlich über die Zusammenarbeit zu sprechen. Klare Prozessabläufe zeigen die Reibungspunkte. Auf diese

Weise verstehen wir den Ursprung von Konflikten und können konstruktiv mit ihnen umgehen.

Doch meine Firma!

Sobald einem klar wird, dass jeder Mensch, genauso wie die Firma, persönliche Abläufe hat, die Beziehungsfähigkeit von seiner Umwelt verlangen, erschließt sich einem die Vielschichtigkeit dieser DNA-Elemente. So kann es sein, dass der Firmenprozess von einem Mitarbeiter in der Werkstatt verlangt, sich alle paar Minuten mit Kollegen aus verschiedenen Bereichen abzustimmen. Seine Aufgabe fordert außerdem Fachkenntnisse für Mechanik. Das passt wunderbar, wenn unser Experte aufgeschlossen ist. Doch was passiert, wenn er ein fachlich sehr kompetenter, verschlossener Eigenbrötler ist?

Schnell entstehen viele Konflikte mit verschiedensten Kolleginnen und Kollegen, die den Fachmann aufgrund der Prozesse ansprechen müssen. Auf den ersten Blick scheint es sich völlig klar um Kommunikationsprobleme zu handeln. Allerdings wird das Problem nur in diesem Bereich sichtbar. Mit gemeinsamem Prozessverständnis und den Zusammenhängen aus der Firmen-DNA erkennt man: Unsere Abläufe verlangen von diesem Menschen ein Verhalten, das seiner Persönlichkeit widerspricht.

Anstatt dem Mitarbeiter sein „Entwicklungspotenzial" aufzuzeigen und ihn in Kommunikation zu trainieren, was Personalentwickler und Vorgesetzte gerne als Ausweg wählen, ist es sinnvoller, das Handlungsschema umzustellen oder die Stelle im Prozess anders zu besetzen. Das bedeutet, wir zwängen die Menschen nicht mehr in das Gestell der Firmenfunktionen. Stattdessen sprechen wir mit ihnen und suchen gemeinsam nach Aufgaben, nach Räumen in der Firma, in denen ihr Charakter und die Unternehmensinteressen zusammenpassen.

Das Beispiel zeigt an einem einzelnen Punkt, wie zentral die Verbindung vom Mitarbeiter zur Firma ist. In der DNA grau dargestellt als Zusammenkommen von Menschen- und Firmen-Strang. Wir nennen das Element den Kopplungsmodus.

Hier finden Themen ihren Platz, die Sie vielleicht schon vermissten. Es ist der DNA-Baustein, in dem wir Werte, Kultur, Bedürfnisse usw. abbilden. Die Details dazu sind so wertvoll, dass sie dieses Kapitel sprengen. Deshalb kommen wir im nächsten Abschnitt ausführlich darauf zurück. Der Vollständigkeit halber zur Anwendung der DNA als Denkwerkzeug ist aber jetzt schon wichtig, dass wir ihn erwähnen.

So wie Ihnen, erklärten wir die Zusammenhänge der Firmen-DNA auch der Belegschaft. Viele erkannten nach den Ausführungen die Vorteile:

• Wenn wir die Bausteine benutzen, entwickeln wir ganz automatisch eine Sprache, in der wir uns untereinander über die Organgrenzen hinweg verstehen.

• Wir sollten uns häufiger an den Elementen orientieren, um die Herkunft unserer Probleme zu begreifen. Dann erfassen wir, was das Geschäftsmodell ist und ob wir uns danach verhalten. Wir erkennen, wie wir kommunizieren und ob uns das guttut.

• Je besser wir die Wurzeln unserer Probleme identifizieren, umso einfacher ist es, sich so zu verhalten, wie wir wollen.

Es wurde uns klar: Wendet jede Mitarbeiterin und jeder Mitarbeiter die Firmen-DNA als Denkwerkzeug an, kommt die Belegschaft in die Selbststeuerung. Denn indem sich alle bewusst an der Gestaltung der Bausteine des Firmenstrangs beteiligen, wird das Unternehmen schrittweise zur gemeinsamen Organisation. Dann ist die formale Führung überwunden. Erneut wähnten wir uns am Ziel.

Davon trennte uns nur noch die Sisyphusarbeit, die ganze Firma in der DNA-Arbeit fit zu machen.

GIB DEM AFFEN ZUCKER

Ganz ehrlich, bis heute ist es eine Baustelle. Doch warum ist das so? Vorweg, es ist schlicht menschlich. Die ausführliche Antwort lernte Gebhard auf der Perspektivreise kennen. Das ist ein von ihm veranstaltetes Angebot für Unternehmer und Geschäftsführer, die für sich klären wollen, ob eine Betriebswirtschaft mit allen Menschen der Organisation für sie eine Alternative ist. Die Fahrt nimmt sie mit zu Vorbildunternehmen wie Heiler und taucht mit ihnen tief in die DNA ihrer Firma ein.

· · · · · · ·

Am vierten Tag erarbeiten sich die Teilnehmer die theoretischen Wurzeln, um ohne formale Hierarchie auszukommen. Ein Fundament finden sie in der Psychologie Viktor Frankls und seiner Arbeit rund um Sinn. Plötzlich fragt Walter, der Vorstand einer Softwarefirma:

Gebhard, kennst du Kahneman[15], „Schnelles Denken, langsames Denken"? Ich mein, wenn wir schon in der Psychologie unterwegs sind.

Gebhard schaut zu Walter und schüttelt den Kopf:

Den Titel hab ich schon mal gehört. Weiß aber nicht, worum es geht.

---

15   Daniel Kahneman, Schnelles Denken, langsames Denken; Siedler Verlag; Auflage 24, Mai 2012

Walter grinst, er freut sich, etwas zu kennen, was dem Kursleiter neu ist.

Na ja, Kahneman ist Psychologe. Mit seiner Arbeit hat er allerdings den Wirtschaftsnobelpreis gewonnen. Auf den Punkt gebracht erklärt er, warum uns manches leicht fällt und anderes schwer.

Jetzt hat er die volle Aufmerksamkeit aller Anwesenden. Er steht auf und geht zur Flipchart:

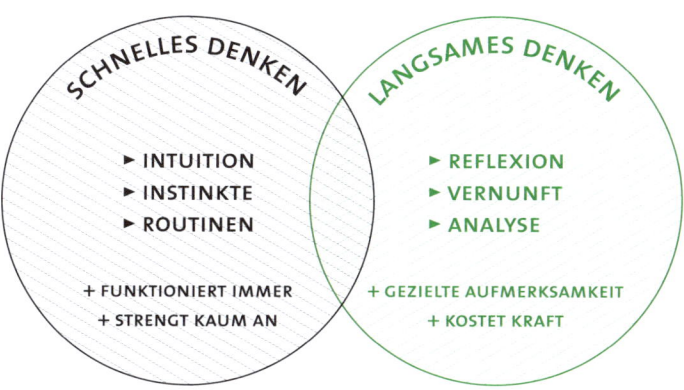

Kahneman unterscheidet System 1 und System 2. Unter System 1 subsumiert er Sachen wie unsere Intuition, die Instinkte, Routinen etc. Das Unbewusste. Diese Maschinerie läuft immer. Auch wenn man uns nachts um drei weckt. Sie liefert innerhalb von Millisekunden Einschätzungen. Der erste Eindruck, den wir von jemandem haben. Wittern wir irgendwo Gefahr. Lachen wir, sobald wir ein Baby sehen, und so weiter. System 1 reagiert sofort und verbraucht praktisch keine Energie.
Dem stellt er System 2 gegenüber. Das ist unser Bewusstsein. Hier findet Vernunft statt. Es lässt uns Dinge hinterfragen, reflektieren. System 2 kann komplizierte Zusammenhänge analysieren, verstehen,

ausrechnen. Dafür ist es langsam und es strengt uns an. Es braucht Kohlenhydrate, um zu funktionieren. Deshalb essen Programmierer so viel Schokolade. Die Firmen-DNA ist ein Denkwerkzeug. Mit ihr betrachten wir unsere Unternehmen. Ganz klar System 2.

Gebhard schaut sich die zwei Kreise an, in denen Walter die Stichworte zu der Unterteilung Kahnemans notiert hat. Er nickt.

O.k., verstehe. Wir alle tragen beide Systeme in uns. Eines läuft lässig von der Hand, für das andere müssen wir uns strapazieren. Aber da stimmt doch irgendwas nicht. Selbst wenn die Mitarbeiter tagein, tagaus dieselbe Reklamation wieder und wieder bekommen, ändern sie häufig nichts an den Strukturen. Klar, sie motzen. Aber System 2 schalten sie trotzdem nicht an. Wie erklärt er das?

Das Lächeln auf Walters Gesicht wird breiter.

Stellt euch die beiden Systeme in einem Auto vor. Kahneman konnte nachweisen, dass System 1 am Steuer sitzt und System 2 nur mitfährt. Das bedeutet, wir müssen unser Bewusstsein gut darauf trainieren, zu erkennen, wann System 1 in Schwierigkeiten steckt. Und dann sollte es Unterstützung von System 2 kriegen, egal wie anstrengend das ist.
Sprich, sogar wenn den Mitarbeitern klar ist, dass hier was strukturell schiefläuft, sind ja sie selbst aufgerufen, mitzudenken. Doch das kostet Kraft. Also belassen sie es oft dabei und hoffen, dass es diesmal gut ausgeht und dann nicht mehr vorkommt. Sosehr die DNA hilft, strengt sie zuallererst einmal an.

· · · · · · ·

Direkt nach der Reise las Gebhard das Buch und konnte noch mehr wiedererkennen. Auch in der Firma gibt es System 1 und 2. Der Alltag verläuft vornehmlich im Unterbewusstsein des Unternehmens. Die Prozesse greifen ineinander. Es ist die ständige Auftragsroutine. Mit Übung fällt einem kaum auf, was man den lieben langen Arbeitstag macht. Selbst die Kundenszenen wiederholen sich. Der eine ist pedantisch, die andere superfreundlich, ein dritter kompliziert, aber sympathisch, und so weiter. Die Einmaligkeit der dahinter stehenden Menschen wird durch die Zeit geglättet.

Dem gegenüber stehen Veränderungen in den Strukturen oder gar der Strategie. Sie brauchen Aufmerksamkeit, Vernunft, Nachdenken. Sie strengen an. Dabei sind sie überlebenswichtig. Und zwar im Kleinen wie im Großen. Die Beispiele begegnen einem jeden Tag. Traditionell ist diese Anstrengung Aufgabe von Führungskräften. Mit der Firmen-DNA bekommen die Mitarbeiter ein Werkzeug an die Hand, es selbst hinzubekommen. Kräftezehrend bleibt es dennoch. Vor allem am Anfang. Doch was ist der Lohn auf Mitarbeiterebene für den Kraftakt?

Eine Kollegin, die bei Heiler anfing, als die Reorganisation schon durch war und aus einer Führungsposition gekommen war, fasst es einmal so zusammen:

Ich bin so froh, die Chef-Standpauken los zu sein. Wie gern verzichte ich auf die hohlen Zielvereinbarungsgespräche. Und dann die ganze Überwacherei. Das ist so mühsam. Natürlich gibt es bei euch auch Pflicht und nicht nur Kür. Im Gegensatz zu früher ist es trotzdem viel, viel besser.

SCHATTENDASEIN

Die Firmen-DNA ist ein universelles Denkwerkzeug. Jede Firma kann sie nutzen, egal, in welchem Entwicklungsstatus sie ist oder wie sie sich organisiert. Sie bringt Klarheit in Reflexionen und entwickelt eine gemeinsame Sprache über die Organisation. Das klingt nach einem Wundermittel. Und tatsächlich ist es wunderbar, jederzeit mit ihr arbeiten zu können. Dennoch hat sie auch klare Grenzen.

Eine sehr wichtige wurde uns im Nachgang zu einer Abendveranstaltung in München bewusst. Damals war Gebhard eingeladen, die Geschichte unserer Transformation zu beschreiben. Anschließend stellten die Zuhörer Fragen.

. . . .

Der Moderator erklärt den offiziellen Teil für beendet. Gebhard entspannt sich und greift etwas zu trinken, da sammeln sich drei Teilnehmer um ihn. Schnell wird klar, es handelt sich um Beraterkollegen. Der Erste kommt sofort zum Punkt.

Ich wollte das in der großen Runde nicht mehr ansprechen, aber verstehe ich es richtig, ihr habt da ein Werkzeug erfunden, mit dem man gezielt Unternehmenskultur entwickeln kann?

Gebhard trinkt gerade. Noch bevor er zum Antworten kommt, muss der zweite etwas loswerden.

Ich sag's dir nochmal. Kultur kann man nicht systematisch formen. Das passiert halt. Da ändert auch die DNA nichts dran.

Der dritte lächelt.

Entschuldigen Sie, Herr Borck, wir sind Organisationsentwickler. Wir kennen uns schon eine ganze Weile. Ungefähr genauso lange streiten wir uns darüber. Dann hören wir Ihren Impuls und bums, Sie treffen mitten in die Wunde rein. Wir bieten unseren Kunden an, sie im Kulturwandel zu begleiten. Dabei fehlt uns selbst die Sicherheit, ob das überhaupt geht. Bestimmt kein Thema für alle Anwesenden. Aber wir gehen davon aus, dass Sie uns verstehen?

Gebhard denkt einen Moment nach. Tatsächlich kennt er die Debatte. Allerdings stand sie bisher für ihn nicht im Zusammenhang mit der Firmen-DNA. Also fängt er an, laut zu denken:

Für mich ist die Kultur so was wie der Schatten einer Organisation. Abläufe können wir konkret verändern. Wir haben die Möglichkeiten, andere Tools und Werkzeuge einzusetzen. Das Personal anzupassen geht auch. Die DNA macht das bewusst. Was es in der Kultur bewirkt, sieht man, sobald man mit Abstand auf die Firma schaut. Glauben Sie bloß nicht, dass unser Werkzeug Ihnen hilft, Kultur nach irgendeinem Plan erfolgreich zu ändern. Menschen sind eben Menschen. Systematisch reflektieren: ja – gezielt nach eigenen Vorstellungen verändern: nie im Leben!

PERSONALTHEMEN
SIND PERSONALTHEMEN

Stephan und Gebhard sitzen zusammen im Restaurant. Sie hatten sich hier mit einem Bewerber getroffen. Der Kontakt kam über Stephan zustande. Tatsächlich sucht die Firma überhaupt niemanden. Die Anfrage kommt eher vom Kandidaten, der aus seiner bisherigen Anstellung heraus will. Zu viel Hierarchie, zu viel Führungsbürokratie, zu wenig Gestaltungsraum und so weiter. Stephan ist positiv überrascht.

Ich finde, der kann genau das, was die Firma in den Strukturthemen im Produkt-Organ braucht. Er hat Ahnung von Materialwirtschaft und Logistik, von Konstruktion und war schon mal Geschäftsführer. Das ist doch alles top. Außerdem will er gar keine Führungskraft mehr sein. Das ist fast besser, als ich es mir wünsche.

Gebhards Gesicht zeigt deutliche Skepsis.

Stimmt alles, ich glaube, er passt trotzdem nicht.

Stephan verdreht die Augen. Die Stimme färbt sich ein wenig mürrisch.

Und wieso nicht?

Gebhard macht eine ausholende Geste.

Na ja, ich denke, es ist der falsche Zeitpunkt. Mit all seinem fundierten und strukturierten Wissen trifft er bei Heiler auf Ödland. Wir buchen Materialbewegungen nur unvollständig. Der Werkstattauftrag ist die Materialstückliste, die die Konstruktion in Excel erstellt und ausdruckt. Er ist ERP-Systeme gewohnt. Er will Daten analysieren, die bei uns bisher niemand erfasst. Erst sollten wir unsere Hausaufgaben machen, bevor wir so jemandem einen Job anbieten. Vielleicht passt es in drei Jahren.

Stephan ist ins Grübeln gekommen.

Du hast ja recht. Aber in drei Jahren sucht DER keinen neuen Job mehr. Was wäre, wenn wir mit offenen Karten spielen? Wir sagen ihm das alles und fragen ihn, ob er die Entwicklung der Firma mitmachen will. Das passt doch super! Oder?

Gebhard schaut ihn jetzt direkt an.

So kann es gehen. Auf dem Weg entscheidet er sich ja selbst dafür. Allerdings, auch wenn er dazu Ja sagt, gibt es dann noch den Einstellungsprozess. Wir beide dürfen ihn gar nicht einstellen. Du allein auch nicht. Du arbeitest ja nicht exklusiv mit ihm zusammen. Du musst mindestens die Kollegen aus dem POI mit einbeziehen. Und denen solltest du tunlichst ihr Recht, ihn abzulehnen, klarmachen. Sonst fällt uns das alles spätestens in einem halben Jahr vor die Füße.

Stephans Optimismus ist zurück.

So machen wir's!

. . . .

Und so ist es passiert. Stephan riet dem Bewerber fast schon davon ab, bei Heiler anzufangen. Er nannte Ross und Reiter aller Prozessprobleme. Zusätzlich konfrontierte er ihn mit seinem künftigen Team. Schon im nächsten, dem offiziellen Bewerbungsgespräch, saßen fünf Leute aus der Firma mit am Tisch. Die ganze Gruppe beäugte den Kandidaten ebenso neugierig wie kritisch. Trotz all dieser Hürden waren die Kollegen einverstanden und er entschied sich für die Stelle.

Mit seiner Unterstützung haben wir heute ein systematisches Lagerwesen. Seither kommt es zu keinem Materialengpass mehr. Inzwischen ist er ins Produkt-Organ gewechselt. Zusammen strukturierten dort die Kollegen das Lieferantenmanagement. So leistet der Einkauf einen signifikanten Beitrag zur Kostenoptimierung, die uns im zunehmend aggressiveren Wettbewerbsumfeld hilft.

Neben der fachlich unbestrittenen Arbeitsleistung entwickelt der Mitarbeiter sich selbst weiter. Denn immer wieder treten alte Verhaltensmuster aus mehreren Jahrzehnten klassischer Führungstätigkeit bei ihm auf, die in klarem Widerspruch zur Kultur ohne formale Führung stehen. Er weiß, dass er sich mit dem Anstellungsvertrag auch für diese Persönlichkeitsentwicklung entschied. Deshalb gelingt es ihm, mit der damit einhergehenden, teilweise sehr harten Kritik, umzugehen. Der Erfolg ist nur möglich, weil bei Heiler, gerade wenn es um neue Mitarbeiter geht, von Anfang an mit offenen Karten gespielt wird.

Aufgepasst – Kopf im Sand halten!

Ebenso wenig, wie es sinnvoll ist, darauf zu hoffen, dass es den „richtigen" Führer gibt, bringt einen die Annahme weiter, Führungskräfte oder Personaler wüssten, wer die passenden Mitarbeiter sind. Stephan saß dazu einmal in einer Session auf dem Enjoy Work Camp. Eingeladen hatten die HR-Leiterin eines Versicherungskonzerns und ihre Assistentin.

· · · · · · ·

Zur Sessioneröffnung umreißt die Gastgeberin kurz ihr Thema.

Wir sind vom Vorstand beauftragt, agile New Work Strukturen aufzubauen. So setzen wir uns damit auseinander, was den „neuen" Mitarbeiter charakterisiert. Obwohl mir klar ist, dass das sehr provokant ist, möchte ich es hier mal in Old School und Angesagt unterscheiden.

Sie malt eine Tabelle mit den zwei Spalten auf die Flipchart. Die Teilnehmer beginnen angeregt mit der Befüllung. Schon bald stehen unter Old School Begriffe wie obrigkeitshörig, Befehlsempfänger, Dienst nach Vorschrift, innere Kündigung, politische

Spielchen usw. Auf der anderen Seite finden sich die Schlagwörter Eigenverantwortung, Unternehmensdemokratie, Mitspracherecht, Offenheit, Toleranz usw. So langsam muss Stephan etwas loswerden.

Also bei uns stellen die Mitarbeiter ihre neuen Kollegen ein. Sie entscheiden auch über Entlassungen. Ich finde, die Idee, dass es ein HR braucht, um so was im Unternehmen voranzutreiben, ist schon Old School.

Old School	Angesagt
Befehlsempfänger	Eigenverantwortung
Obrigkeitshörigkeit	Unternehmens-demokratie
Dienst nach Vor-schrift	Mitspracherecht
innere Kündigung	Offenheit
politische Spielchen	Toleranz
Macht	Transparenz
Einfluss	intrinsisch motiviert
Abhängigkeit	emotionale Bindung
Intrigen	Respekt
Anreizsystem	Anerkennung
unwissend	
ohnmächtig	

Der Raum wird schlagartig still. Die Gastgeberin schaut zu Stephan, ihre Stimme bekommt einen aggressiven Unterton.

Vielen Dank für deine Anregung. Aber das geht ja schon rein recht-lich überhaupt nicht. Ganz normale Mitarbeiter dürfen niemand einstellen oder entlassen. Und selbst wenn man das hinbekommt, wer kümmert sich denn dann um die Personalentwicklung?

Stephan bleibt ruhig, er ist nicht zum ersten Mal mit diesen Be-denken konfrontiert.

Klar braucht es jemanden, der beispielsweise die Lohnbuchhaltung macht. Die Vertragsunterschrift kommt von mir, weil ich eben der Geschäftsführer bin. Allerdings der Auswahlprozess, die Einstel-lungsgespräche, Probetage usw., das ist Aufgabe der Kollegen. Wie sonst sollen sie denn in Eigenverantwortung kommen? Solange ein Chef den Mitarbeiter aussucht, sicher nicht. Klar haben wir vor der Veränderung auch schon mal die Belegschaft gefragt, ob ein Kandi-dat passt oder nicht. Am Ende entschieden allerdings wir Vorgesetz-ten. Das zu ändern hat bei uns viel mehr Qualität in die Mannschaft gebracht.

· · · · · · ·

Die Sitzung nahm mit Stephans Einwand eine ähnliche Wende, wie viele Gespräche, die wir über das Personalwesen führen. Wir ernten Unverständnis. Es kann nicht sein, was nicht sein darf. Da kommt es sogar zu Angriffen innerhalb der Familie. Eine Mitarbeiterin bekam von ihrem Schwiegervater, einer Top-Führungskraft in einem Kon-zern, erklärt:

Das dürfen die nicht von dir verlangen. Dafür wirst du nicht bezahlt.

Die Auffassung teilt er mit vielen Führungskräften. Ist es doch eine ihrer zentralen Aufgaben, hier die Weichen für's Unternehmen zu stellen. Auf der Mitarbeiterebene geht das Staunen freilich in genau die entgegengesetzte Richtung. Wir hören außerhalb der Firma re-gelmäßig fast schon sehnsüchtig die Bitte:

Könnt ihr das unserem Chef verklickern? Vielleicht bekommen wir dann mal Kollegen, mit denen wir was anfangen können.

Doch was ist denn konkret anders? Was gehört alles dazu, zur Entscheidung über Einstellungen und Entlassungen?

GOZILLA ZÄHMEN

Die These ist einfach. Wir nehmen an, dass die Teams, die Unterstützung suchen, selbst am besten wissen, wer geeignet ist. Das funktioniert dann gut, wenn sie es auch ausbaden, sollte es nicht passen. Natürlich ist es rein vom Aufwand her zu viel verlangt, das neben der normalen Arbeit zu bewerkstelligen. Hier kommt wieder die Betriebskatalyse zum Einsatz. Ein Katalysator, das strategische Marketing und die künftigen Kollegen setzen sich zusammen, um die Stellenausschreibung zu formulieren. So entwickelten wir einmal eine Anzeige, in der die Bewerber vorab für sich anhand eines Punktesystems feststellen konnten, ob sie sich bei Heiler überhaupt vorstellen wollten.

Dadurch stellen sich vielleicht insgesamt weniger Menschen vor, allerdings ist von vornherein die Wahrscheinlichkeit höher, dass sie passen. Gibt es dann Kandidaten, treffen sie im Gespräch immer auf ihre künftigen Kollegen. So prüfen beide Seiten, ob das Zusammenkommen eine Chance auf Bestand hat. Nimmt sowohl Heiler wie die Bewerberin, der Bewerber diese Hürde, kommen zuerst einmal Probetage. Sie prägt der direkte Sprung ins kalte Wasser. Bei Heiler gibt es auch hier keine geschützte Testumgebung.

Wir erkannten, am schnellsten wissen wir, ob es passt, wenn wir den Anwärtern gleich reale Aufgaben aus ihrem künftigen Alltag geben. Es geht nicht darum, diese zu bewältigen. Vielmehr sollen beide Seiten sehen, wie weit man kommt und wie man sich im Team verhält. Ungeschönt und ohne doppelten Boden.

Die Alois Heiler GmbH ist ein mittelständisches Familienunternehmen mit Sitz im badischen Waghäusel. Seit über 30 Jahren sind wir erfolgreich tätig im Bereich „Individuelle Glaslösungen für die Bad- und Wohnwelt". Wir suchen zum nächstmöglichen Zeitpunkt an unserem Standort in Waghäusel eine

Verstärkung (w/m)
für unseren Vertriebsinnendienst
Wechselnde Herausforderungen | Aktive Mitgestaltung | Echte Verantwortung
— Passt Du in das HEILER-Team?
Teste Dich auf einer Skala von 0% bis 100%

Du kannst Dir vorstellen, folgende Aufgaben zu übernehmen:	0%		100%	Deine Punkte
√ umfassende Kundenberatung zu unseren Interior-Design-Lösungen aus Echtglas	0	4	8	
√ vollständige Auftragsabwicklung				
– von der Angebotserstellung über die Auftragserfassung bis hin zur Disposition der Monteure	0	4	8	
√ Rundum-Ansprechpartner/-in für unsere privaten und gewerblichen Kundinnen und Kunden	0	4	8	
Du bringst dafür folgende Qualifikationen und Eigenschaften mit:				
√ eine kaufmännische und/oder technische Ausbildung + Berufserfahrung	0	5	10	
√ technisches Verständnis und räumliches Vorstellungsvermögen	0	7	15	
√ PC-Kenntnisse und die Bereitschaft, diese stetig weiter zu entwickeln	0	4	8	
√ Multitasking-Talent	0	7	15	
√ die Fähigkeit, Dich immer wieder auf neue Menschen und Aufgabenstellungen einzulassen	0	7	15	
√ Begeisterung, die andere Menschen ansteckt	0	6	12	
√ Empathie	0	6	12	
Zudem kannst Du:				
√ Godzillas zähmen	0	5	10	
√ das Unternehmen aktiv mitgestalten und mit wirtschaftlicher Offenheit konstruktiv umgehen	0	6	12	
√ Entscheidungen und Gegebenheiten aktiv hinterfragen	0	7	15	
√ selbständig Vorschläge zur Verbesserung einbringen	0	7	15	
√ zeitlich flexibel sein. Du willst Dich auch hin und wieder samstags oder werktags nach 17 Uhr für Deinen Job engagieren	0	6	12	
Deine Gesamtpunktzahl				

Wir machen die Probetage so intensiv und wirklichkeitsnah, weil das sehr spezielle Leistungspaket von Heiler praktisch auf jeder Position eine aufwendige Einarbeitung verlangt. Es braucht viel ästhetisches wie technisches Verständnis. Die Mischung aus Handwerk, Handel und dem besonderen Werkstoff Glas kommt hinzu. Ohne räumliches Vorstellungsvermögen begreift man die Produkte nicht. Das sollte sich mit der Grundeinstellung paaren, ausgefallene Kundenwünsche gerne zu erfüllen. Die Kombination daraus ist überall bei Heiler gefragt.

Also ist es auf verschiedenen Ebenen sehr kostspielig, wenn beide Seiten erst in der Probezeit erkennen, dass es nicht passt. Ein paar Mitarbeiterinnen, die bereits früh im Prozess an einer Neueinstellung beteiligt waren, können davon ein Lied singen.

Es ist ernst

Sophia ist ziemlich fertig. Sie sitzt mit Armin und Stephan zusammen. Inhalt des Gesprächs ist Paul, ein neuer Mitarbeiter, dessen Probezeit in einigen Tagen abläuft. Vor knapp sechs Monaten waren Sophia, Silke und die anderen Kollegen mehr als sicher, dass Paul ein Volltreffer ist. Sie wollten ihn unbedingt. Er war technisch und kaufmännisch ausgebildet. Aufgrund von körperlichen Problemen hatte er auf den Bürojob umgesattelt. Er war sympathisch und verstand schnell die ganze Produktpalette. Sophia war richtig froh gewesen, dass sie damals gefragt wurde und nicht einfach jemanden vorgesetzt bekam. Mehr noch, zusammen mit den Kollegen setzte sie sich gegen die Bedenken von Armin, dem Prokuristen, durch. Obwohl er skeptisch war, stellte die Firma Paul auf das Drängen von Sophia und ihren Kollegen ein. Das Gespräch heute dreht sich um die Frage, ob er nach der Probezeit in eine Festanstellung übernommen wird. Sophia ist aufgewühlt.

Ich weiß ja, wie sehr ich mich für ihn eingesetzt habe. Ich wollte unbedingt, dass er anfängt. Ist mir schon klar. Aber wenn ich mir vorstelle, dass er mir jeden Tag gegenübersitzt, das geht einfach nicht!

Armin und Stephan steht der Mund offen. Sie waren von einem unkomplizierten Gespräch ausgegangen. Der sich abzeichnende Konflikt überrascht beide. Der Prokurist fragt:

Was ist denn passiert? War er nicht euer Wunschkandidat?

Sophia seufzt und hebt die Schultern.

Schon, doch manchmal gehen Wünsche einfach nicht in Erfüllung. Er hat sich wirklich schnell in die Produkte eingearbeitet. Er versteht sich außerdem gut mit allen, so menschlich. Aber damit hat es sich dann. Er hält sich nicht an unsere Prozesse und auch nicht an Absprachen. Wenn ich ihm beispielsweise zeige, wie wir hier disponieren, entwickelt er sein eigenes System. Ohne Rücksprache. Geht eine von uns in Urlaub und macht mit ihm die Vertretung aus, bleiben Sachen einfach liegen. Anstatt sich zu bemühen, sitzt er es aus.

Armin und Stephan schauen sich an. Sie wünschen sich, es hätte geklappt. Stephan setzt nach.

Und was bedeutet das? Hast du mit dem Team gesprochen? Wie geht's weiter?

Sophia senkt den Kopf, atmet tief durch, hebt ihn wieder und sagt bestimmt:

Ich hab mit den anderen geredet. Alle fühlen sich mies. Sie sehen trotzdem dieselben Punkte. Keiner von uns glaubt daran, dass er sich ändern wird. Also sag ich ihm morgen, dass aus der Übernahme nichts wird. Macht ihr die notwendigen Papiere fertig?

· · · · · · ·

Paul wurde von der Entscheidung aus heiterem Himmel getroffen. Er hatte mit der Festanstellung gerechnet. Entsprechend unzufrieden rief er direkt bei Stephan an, um sich rückzuversichern. An diesen Punkten zeigt sich, wo eine Geschäftsführung steht, wenn sie selbst nicht mehr entscheidet. Stephan stand zum Beschluss des Teams. Dennoch bot er Paul seine persönliche Unterstützung bei der Suche nach einer neuen Stelle an. Das tun übrigens etliche Kollegen auch in vielen anderen Fällen. So gibt es zu Mitarbeitern, die im Rahmen der Veränderung den Betrieb verließen, oft bis heute gute Kontakte.

Eine weitere Erfahrung, die wir klar im Zusammenhang mit der aktiven Einbindung in Personalentscheidungen sehen: Die Menschen reifen persönlich in ihrem Verhalten in Beziehungen, beruflichen wie privaten. Aufgrund der Verantwortung über das eigene Handeln mit allen Konsequenzen beginnt jeder, über die Folgen nachzudenken.

Gerade bei wichtigen Entscheidungen lernen wir so, Gefühle und Vernunft zu kombinieren. Wo früher schnell emotional im Eigeninteresse verurteilt wurde, steht heute immer öfter ein empathisches Abschätzen für alle Beteiligten. Diese Entwicklung macht auch vor dem Privatleben nicht halt. Durch die Veränderung ändert sich auch dort das Verständnis für die Verbindung zwischen Verhalten und Resultat. Das bestätigen uns zumindest die Mitarbeiter.

Direkt nach dem Ereignis wollte Sophia nichts mehr von Personalfragen wissen. Sie hatte am eigenen Leib erfahren, wie schwer es ist, jemanden zu entlassen. Selbst wenn es dafür gute Gründe gab. Inzwischen ist sie wieder dabei. Jetzt achtet sie schon bei den Bewerbungsgesprächen darauf, dieselbe Situation zu vermeiden. Sie hält mit Bedenken nicht mehr hinter dem Berg, egal ob rein emotional oder auch sachlich begründet. Sie hört aber auch besser auf die Bedenken ihrer Kollegen. Ein einfaches Darüberweggehen gibt es bei ihr nicht mehr. Anderen, die die Entscheidung auf die leichte Schulter nehmen, erzählt sie ihre Geschichte. So kapiert jeder, wie wichtig es ist, mit den Erwartungen und Folgen bei Neuanstellungen offen und verantwortungsvoll umzugehen.

Heute treffen alle Bewerber auf ihre künftigen Kollegen. Sie wissen, dass diese über die Einstellung wie die Vertragsverlängerung und die Kündigung entscheiden. Zu den Kandidaten stellen sich die Angestellten folgende Frage:

Wird das eine Kollegin, ein Kollege sein, mit dem ich die kommenden Jahre verbringen will? Und bin ich sicher, dass sie/er mir und dem Team die Arbeit erleichtert?

Gibt es darauf kein klares „Ja", suchen wir weiter.

Wir sind überzeugt: Es ist fahrlässig, der Belegschaft ihre Personalverantwortung auch nur einzuschränken. Mehr noch, es ist selbstherrlich, als Führungskraft anzunehmen, dass man sinnvollere Personalentscheidungen trifft als die Kollegen.

Es gibt natürlich noch viel mehr solcher Entscheidungen als nur die Einstellung und die Entlassung. Zwischen diesen Momenten stehen ja unter Umständen Jahrzehnte der Mitarbeit, in denen sich noch ganz andere Aufgaben stellen: Wohin entwickeln sich die Menschen? Wie reagiert die Firma darauf? Was passiert mit dem Lohn? Gibt es Weiterbildungen? Wenn es keine hierarchische Karriere gibt, woran erkennen die Kollegen dann, dass sie weiterkommen? Oder mit anderen Worten: Wie funktioniert bei uns die Mitarbeit konkret?

Sein oder nicht sein

Gebhard sieht sich bei seinen Vorträgen immer wieder mit Sorgen und Ängsten konfrontiert. Viele Zuhörer sehen in der Machtübertragung an die Mitarbeiter verschiedene Gefahren. Sie äußern ihre Bedenken in Fragen wie:

• Wenn jetzt jeder selbst entscheidet und macht, was er will, ist das nicht irgendwann ein heilloses Durcheinander von Wünschen und Ansprüchen an die eigene Weiterentwicklung?

• Glaubt ihr nicht, dass sich die Kollegen irgendwann gegenseitig zerfleischen? Es gibt ja keinen mehr, der sie davon abhält.

• Verlieren die Mitarbeiter nicht schnell die Interessen der Firma aus dem Blick und suchen sich einfach die Kollegen, mit denen sie eine gute Zeit verbringen?

• ...

All diese Punkte können wir ganz klar verneinen. Allerdings verlangt diese Machtverlagerung Klarheit im Umgang mit Konflikten. Wir erinnern uns an ein prägendes Ereignis. Es ergab sich, als wir schon keine Teamleiter mehr hatten, und zeigt die verschiedenen Aspekte der Beziehung zwischen Führung und Personalwesen.

· · · · · · ·

Gebhard ist im Auto auf dem Weg zu Heiler nach Waghäusel und telefoniert mit Nadine. Im Büro Service haben die Kolleginnen mit der Kompetenzerweiterung begonnen. Künftig soll jede Aufgabe von mehreren Mitarbeitern gemacht werden können. Die strikte Trennung nach Funktionen verschwindet. Stattdessen hat jede ihre Arbeitsschwerpunkte, kann allerdings auch die anderen vertreten. Augenblicklich gibt es Spannungen mit Nadine. Bisher verantwortete sie den Einkauf alleine. Es fällt ihr schwer, ihre Kompetenzen und Vorgehensweisen zu teilen.

... Ich weiß nicht mehr, wo mir der Kopf steht. Und wenn man dann auch noch so angegangen wird ...

Gebhard versucht, ihr zu folgen.

Lass mich mal zusammenfassen. Gestern Nachmittag riefen dich Silke, Jasmin und Emma ins Büro. Dort habt ihr über die Kompetenzerweiterung geredet. Sie warfen dir vor, dass du deine Arbeit nicht strukturiert machst. Eines führte zum anderen und es wurde laut. Was wollten Sie denn genau von dir?

Nadine ist hörbar den Tränen nahe.

Na ja, sie sagen halt, ich kann den Einkauf nicht richtig. Aber ist das meine Schuld? Ich hab es ja nie gelernt. Ich mache es, so gut es eben geht. Auf jeden Fall bleibe ich heute erst einmal zu Hause.

Gebhard sieht im Moment keinen Sinn darin, sie davon abzubringen.

Ich denke, niemand wirft dir vor, dass du dich nicht einbringst. Wir wissen ja alle, dass du keine gelernte Einkäuferin bist. Allerdings hast du auch schon selbst eingeräumt, dass dir strukturiertes Abarbeiten von acht bis halb fünf schwerfällt. Ich finde es gut, dass du dich erst mal zu Hause beruhigst. Wissen die Kollegen Bescheid, dass du heute nicht kommst, oder soll ich es ihnen sagen?

Nadine sagt ihm, dass sie das Werkstattbüro informiert hat. Da fährt Gebhard auch schon auf den Hof von Heiler. Er wünscht ihr gute Erholung und steigt aus.
Da klingelt erneut das Telefon. Es ist Stephan, der aufgeregt klingt:

Hast du schon das Neueste gehört?

Gebhard denkt an Nadine und wagt einen Schuss ins Blaue.

Lass mich raten: Gestern gab es ein Gespräch im Büro Service.

Nadine ist ziemlich durch den Wind und bleibt heute auf jeden Fall mal zu Hause?

Auf der Gegenseite tritt Schweigen ein. Nach einigen Augenblicken fragt Stephan:

Wo bist du jetzt?

Gebhard antwortet:

Ich steh gerade vor deinem Büro.

. . . .

Schnell wurde klar, dass alles noch schlimmer war. Die Krankmeldung von Nadine gab eine Mitarbeiterin aus der Werkstatt an die Zentrale weiter. Allerdings ausgeschmückt. Sie erzählte, dass Silke, Jasmin und Emma gestern mit Nadine herumgeschrien hätten. Anschließend hätte Emma sie, wie es neuerdings möglich wäre, entlassen.

Zwei Kollegen aus der Auftragsabwicklung bekamen mit, dass irgendwas nicht stimmte. Sie fragten sofort, was los war. Die Kollegin am Empfang musste noch einen draufsetzen und erklärte, dass Nadine jetzt zu Hause säße und sich wegen Emma, die besonders gemein zu ihr gewesen wäre, das Leben nehmen wolle.

Gebhard beruhigte Stephan schnell, dass die ganze Geschichte erstunken und erlogen war. Zu allem Überfluss war die Information allerdings über den Flurfunk schon zu Emma gelangt. Sie sah sich nun damit konfrontiert, dass ihre Kollegin, offensichtlich von ihr ausgelöst, selbstmordgefährdet daheim säße.

Glücklicherweise gab es später nie mehr einen vergleichbaren Fall. Doch seither begleiten wir solche Konflikte zwischen den Parteien, die Katalysatoren übernehmen dabei die Funktion eines Mediators.

In diesem Fall brachten wir sämtliche Mitarbeiter, die etwas mit dem Gerücht zu tun hatten, schon zwei Stunden später zusammen. Zwischenzeitlich hatten wir nochmal mit Nadine gesprochen. Sie wusste von überhaupt nichts. Und fühlte sich auch von Emma im Speziellen nicht angegriffen, nur die Gesamtsituation machte ihr zu schaffen. Da sie augenscheinlich nichts mit dem Gerücht zu tun hatte, blieb sie zu Hause.

Den Beteiligten erzählten wir die erfundene Geschichte und die uns inzwischen bekannten Fakten. Wir konnten Emma beruhigen, dass es Nadine diesbezüglich gut ging. Zuerst ließen wir jedem den Raum, das eigene Verhalten zu erklären. Am Ende erreichten wir eine glaubwürdige Entschuldigung der Werkstattmitarbeiterin gegenüber Emma. Die Kollegin von der Zentrale klopfte Emma stattdessen nur auf die Schulter und meinte lapidar: „Du weißt doch, dass das nur als Scherz gedacht war."

Die ganze Firma lernte verschiedene Dinge aus diesem Ereignis:

• Seelische Konfliktsituationen können wir gerade ohne anweisende Führung gut meistern. Das bestätigt außerdem, wie zentral Einfühlungsvermögen für die Aufgabe der Betriebskatalyse ist.

• Über Einsicht, Sinn und Verhalten entscheidet jeder selbst. Gerade eine Firma ohne formale Führungskräfte kann „richtiges" Benehmen weder verordnen noch erwarten. Die Lücke in der Chefetage hält den Betrieb aber keineswegs davon ab, bei Fehlverhalten konsequent zu reagieren.

Die letzte Erkenntnis verdeutlicht sich im Nachgang zum Ereignis. Heute, Jahre später, arbeitet keine der drei zentralen Akteurinnen mehr bei Heiler. Der Mitarbeiterin vom Empfang brachte ihr Verhalten ein starkes Misstrauen seitens des Betriebs ein. Alle wussten, dass sie zum Tratsch neigte. Dazu stellte sich heraus, sie hatte auch in anderen Fällen verletzende, teilweise schädigende Gerüchte in die Welt gesetzt. In Konsequenz trennte sich die Firma von ihr. Seither achten die Kollegen auch genau darauf, keine neue verletzende Tratschtante mehr einzustellen.

Emma kündigte von sich aus. Für sie war diese Situation ausschlaggebend. Sie konnte danach kein Vertrauen mehr zu ihren Kollegen aufbauen. Viele hielten sie weiterhin für eine Leistungsträgerin. Es hätte sie gefreut, wenn Emma einen Weg zurück gefunden hätte. Nadine gelang es nicht, ihr fehlendes Fachwissen mit Engagement aufzufangen. Man trennte sich schließlich und sie suchte eine Stelle, mit einem für sie stimmigen Umfeld.

Es gibt den altbekannten Spruch: „Reisende soll man nicht aufhalten." Doch mit Bezug auf Firmen tut er teilweise sehr weh. Im Beispiel haben uns zwei Menschen verlassen, die loyal zum Betrieb standen und die Firmeninteressen in ihrem Denken und Handeln berücksichtigten. Geblieben ist die Mitarbeiterin, bei der man sich fast schon gefreut hätte, wäre sie von selbst gegangen. Hier brauchte es die Kraft, sich zu trennen, auf Seiten der Firma. Wir haben gelernt, will die Organisation jemanden gerne behalten, kann er trotzdem gute Gründe haben, zu gehen. Dann braucht es den Willen, ihn eben nicht zu etwas anderem zu überreden. Nur manchmal passt es, wie bei Nadine, für beide Seiten.

Ich will auch

Zwischen der Vertragsunterschrift und der Trennung liegt die Mitarbeit. Eine hoffentlich lange Zeitspanne, in der sich Menschen zum Wohl und Erfolg für den Betrieb einbringen. In einer Struktur, die auf formale Führung verzichtet, heißt das weit mehr als *seine Arbeit gut machen*. Es verlangt von jeder und jedem, im Sinne des Unternehmens mitzudenken. Damit sind wir wie im vorherigen Kapitel angekündigt beim Kopplungsmodus angelangt, unter dem wir in der Firmen-DNA zusammenfassen, was Firma und Menschen miteinander verbindet oder voneinander trennt. Was tun wir dafür, dass das gelingt? Wir stellen uns dem Konzept der Sinnkopplung.[16]

> > > > >

Stephan

In der Zeit, in der mir Gebhard noch als äußerst schräger Vogel vorkam, überzeugte mich bereits die Idee der Sinnkopplung. Zusammengefasst ist es einfach die Erkenntnis, dass Menschen mit voller Energie ihr Bestes geben, wenn etwas für sie total Sinn macht. Wir alle kennen Momente der Kopplung. Bei mir war es etwa, als ich wusste, dass ich in die Firma einsteige und eben kein Lehrer werde. Oder als ich mit meinen Kumpels zusammen die Band gründete. In solchen Augenblicken stehen wir unter Strom. Wir strotzen vor Tatendrang und ziehen's durch.

Genauso wie ich kopple, kann ich auch entkoppeln. Das setzt die gleiche Energie frei. Allerdings ist es die Kraft, um gegen etwas zu sein. Einige unserer angesehenen Mitarbeiter mit einer rundherum guten Stelle kamen mit der neuen Richtung einfach nicht klar. Das gab ihnen zuerst den Schwung, mit uns zu diskutieren und später, aus eigenem Willen ihren Hut zu nehmen.

Zwischen diesen kräftezehrenden Modi gibt es dann noch den ausgekoppelten Zustand. Das ist, wenn man im Großen und Ganzen zufrieden ist, allerdings ohne absolute Euphorie ausgeglichen das Notwendige macht. Ein ständiges Gekoppeltsein würde die Mitarbeiter verbrennen. Außerdem kann kaum eine Firma ein Umfeld bieten, in dem immer alles hundert Prozent Sinn für jeden hat. Gut für die Firma ist es deshalb, solange viele Mitarbeiter von gekoppelt zu ausgekoppelt wechseln und zurück. Das sollte der Normalzustand sein. Zu viele entkoppelte Kollegen zerstören den Betrieb emotional, sozial und wirtschaftlich genauso wie zu viele, die ständig nur gekoppelt sind.

---

16 *www.sinnkopplung.de*

Und sie machen, was sie wollen

Einzelne Personen, nicht das Unternehmen, entscheiden über die Kopplung. Die Firma ist nur ein Statist, der eine hoffentlich wirkungsvolle Sinnfläche anbietet.

Im Kopplungsmodus der Firmen-DNA verdeutlicht sich der veränderte Stellenwert von uns Menschen. In der Vorstellung der Betriebswirtschaftslehre sorgen die Arbeitsplätze dafür, dass der Betrieb funktioniert. Der damit verknüpfte Arbeiter ist Erfüllungsgehilfe des Unternehmenszwecks, den irgendjemand anders festlegt. „Die Firma" entscheidet über die sinnvolle Verbindung zwischen Mensch und Betrieb. Wenn die Lenker des Unternehmens wollen, wird eingestellt, umorganisiert oder entlassen. Die Vorstellung, dass das alles von einer Geschäftsführung erfolgreich gesteuert werden kann, ist völlig unrealistisch. Das zeigen Untersuchungen wie der Gallup Engagement Index[17] und der DGB-Index für gute Arbeit[18] eindrücklich. Danach sind kaum mehr als fünfzehn Prozent der Angestellten emotional mit ihrem Betrieb verbunden. Alle anderen optimieren ihre egoistischen Ziele.

Während die Vorstände glauben, sie bestimmen über ihre Belegschaft, tanzen ihnen mehr als zwei Drittel im Rahmen ihrer Möglichkeiten schlicht auf der Nase herum. Das alles auf Kosten des Unternehmens. Gallup schätzt den damit einhergehenden Produktivitätsverlust allein in Deutschland auf einige Milliarden pro Jahr.

Nach dem Konzept der Sinnkopplung ist die Annahme umgekehrt. Tatsächlich prüfen die Menschen, ob ihre Mitarbeit in der Organisation für sie Sinn hat. Entsprechend diesem Sinnverständnis bringen sie sich dann ein. Der Arbeitsplatz ist Bestandteil ihres eigenen

---

17   www.gallup.de/183104/engagement-index-deutschland.aspx

18   http://index-gute-arbeit.dgb.de/

Lebensentwurfs. Die Firma hilft der einzelnen Person, ihren Lebenszweck auszudrücken. Der Mensch bestimmt über die Kopplung. So wie er will, wird mitgedacht, aufgepasst und geleistet.

Diese Vorstellung bringen die genannten Studien zum Ausdruck. So sind nicht etwa das Einkommen, die Sozialleistungen oder die Arbeitsintensität dominierend bei der Frage, was gute Arbeit ausmacht. Der Sinn ist das wichtigste Kriterium für gute Arbeit im DGB-Index 2017.

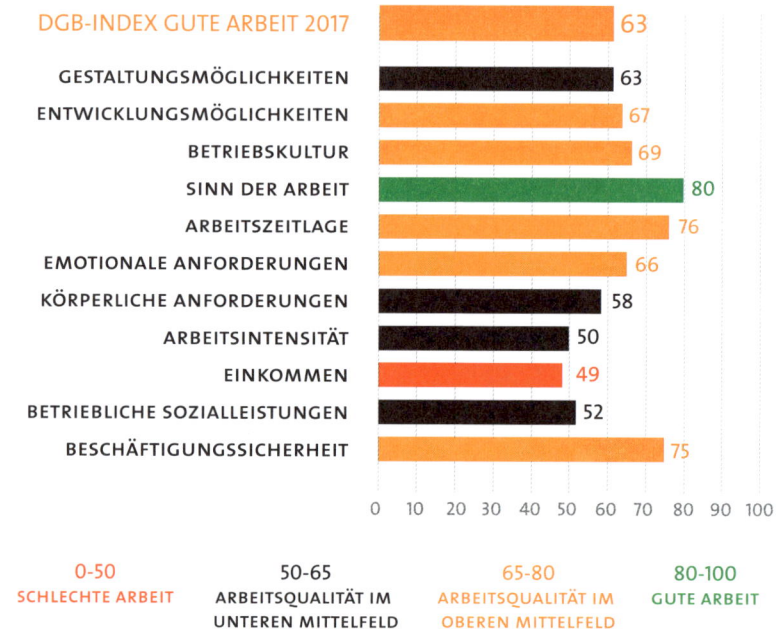

Doch wie wirkt sich das in der Praxis aus? Ein Gespräch zwischen Armin und Gebhard zeigt es.

. . . .

Der Prokurist sitzt mit dem Berater im Besprechungsraum des Hotels. Sie warten auf die anderen Kollegen, die noch eine rauchen. Armin hebt den Kopf:

Und, hast du dir unseren Markenkeks schon angeschaut?

Er spielt auf die Metapher an, mit der die Firma bereits vor Gebhards Engagement ihre Vision, Mission und Werte erarbeitet hat. Ein Prozess, der vom Marketing ausging, sich allerdings durch den ganzen Betrieb zog. Am Ende unterschrieben alle Abteilungen eine Urkunde, welche Werte sie fortan gemeinsam umsetzen wollten. Das Dokument zeigte eine Grafik, die einem Keks gleicht.

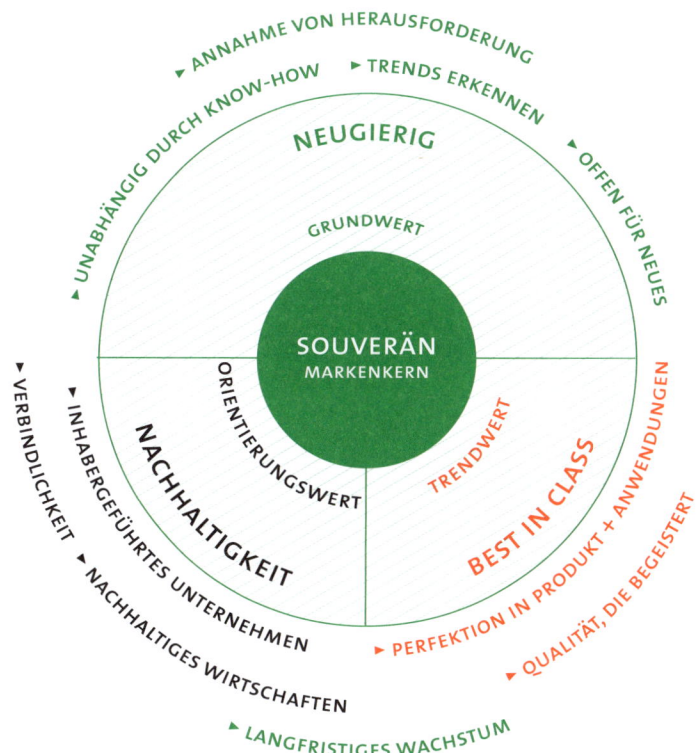

Gebhard nickt. Armin fragt weiter.

Und kannst du mir sagen, warum sich außer der Geschäftsführung keiner daran zu erinnern scheint?

Gebhard hat nicht sofort eine Antwort parat, also fährt der Prokurist fort.

Die haben das alle unterschrieben. Trotzdem bin ich mir sicher: Kaum einer erinnert sich auch nur daran, wo die Urkunde abgelegt ist. Die machen gerade, was sie wollen.

Das ist sein Stichwort, Gebhard blickt Armin an.

Genau richtig! Mit eurem Vorgehen sagt die Firma an, welche Zukunft man zu wollen hat, wie man die erreicht und an was für Werte man sich gefälligst hält.

Armin hebt den Arm. Er kneift die Augen zusammen.

Ich weiß, auf was du rauswillst, aber das ist alles mit den Mitarbeitern erarbeitet worden. Das hat nicht die Geschäftsleitung vorgeschrieben.

Gebhard ist hellwach.

Ganz bestimmt habt ihr das so gemacht. Kein halbwegs tauglicher Organisationsentwickler würde es anders angehen. Trotzdem ist es das Papier nicht wert, auf dem es steht. Oder?

Armin stimmt zu.

Ganz genau.

Gebhard erklärt Armin das Konzept der Sinnkopplung und schließt:

... Folgt man dieser Denke, ist es für den einzelnen Menschen sehr sinnvoll, über die persönliche Vision, Mission und die eigenen Werte zu reflektieren. So fällt es ihm leichter, den für ihn passenden Arbeitsplatz zu finden. Aus Sicht der Firma wäre es stattdessen klug, für die Leute attraktiv zu sein, die einen gemeinsamen Wertekanon teilen. Also ist man leistungs-, gewinn- und konkurrenzorientiert oder will man stabile Arbeitsplätze mit hilfsbereiten Kollegen, die gerne zusammenarbeiten. Sich in einem so groben, unpräzisen Raster auf eine kurze prägnante Faustformel einzugrenzen, behindert mehr, als dass es hilft.

Armin denkt darüber nach. Dann meint er:

Du sagst mir gerade, wir hätten uns die ganze Arbeit sparen können? Am Ende macht eh jeder, was er will?

Gebhard schüttelt langsam den Kopf.

Nicht sparen, was anderes machen. Ihr hättet die Menschen einladen sollen, reflektiert, vernünftig und verantwortlich die Firma mitzugestalten. So, dass sie ihre eigene Lebensvision und -mission hier erfüllen. Das ist meistens gar nicht so hochtrabend, wie es klingt. Oft hat es was mit einem ruhigen Leben, regelmäßigen Reisen und einem Hobby zu tun. Doch wenn das stimmt, passt auch das Engagement im Betrieb. Und ja natürlich, am Ende macht jeder, was er will.

. . . .

Reden wir mit anderen Unternehmern, gleichen sich die Bilder. Kaum ein Geschäft, das keine unterschriebenen Poster an der Wand oder im Schrank verstauben lässt. Dennoch ist es bei allen dasselbe: Fast niemand erinnert sich, geschweige denn lebt, was dort schwarz auf weiß steht. Hin und wieder nickt man still, wenn die Führungsetage darauf verweist. Das war's.

In Unternehmen, in denen es doch anders ist, verwirklichen bei genauem Hinschauen die Angestellten mehrheitlich die Vision von einem Einzelnen oder einigen wenigen. Ist diese Lichtgestalt ausreichend charismatisch, ergibt das vermutlich erneut Sinn für die Mitarbeiter. Sie koppeln hier ebenfalls individuell an. Für viele mittlere Firmen, wie Heiler, ist das ein eher unsicherer Weg. Wieso geben sich dennoch die meisten Betriebe den Aufwand der Wertearbeit?

GEKAUFT!

Die Antwort: Um Menschen an sich zu binden. Und zwar alle, Angestellte, Kunden, Lieferanten, Multiplikatoren usw. Werte und Visionen sollen dazu motivieren, ordentlich zu arbeiten, die Produkte zu kaufen, Qualität zu liefern, die Firma weiterzuempfehlen etc. Folgen wir auch hier der Sinnkopplung und gehen davon aus, dass die Entscheidung bei der Person liegt, ändert sich die Kommunikation. Wir erinnern uns daran, als sich Stephan zum ersten Mal mit Gebhard über Vertrieb und Marketing unterhielt.

. . . .

Stephan und Gebhard essen gemeinsam Mittag. Stephan fasst den Stand der Dinge zusammen.

Also, die Umstrukturierung ist entschieden. Die Teams stehen soweit. Wir müssen noch den Umzug organisieren, dann legen die Markt-Organe los. Aber ich glaube, das wird so nicht ausreichen.

Gebhard schaut von seinem Teller auf.

Was genau?

Stephan seufzt.

In der neuen Aufbauorganisation schaffen wir es, dass Vertrieb, Aufmaß und Montage endlich dieselben Regionen bedienen. Wir überwinden die historisch gewachsene Gebietszuordnung, die für jede Funktion anders war. Außerdem bringen wir die Abteilungen in Prozesse zusammen. So weit, so gut. Allerdings wird es in allen Bereichen zunehmend schwieriger, Kunden zu gewinnen. Daran ändert auch die neue Organisation nichts. Und bisher waren die Vertriebler so was wie eine Führungsriege. Jetzt werden sie zu gleichgestellten Kollegen. Die erschwerten Marktbedingungen wie die Irgendwie-Degradierung verlangt von mir Antworten für die Außendienstler.

Gebhard ist ein wenig überrascht.

Wir reden vom Vertrieb? Bisher ging mich das wenig an. Ich sehe meine Aufgabe vor allem intern. Orgastruktur, Controlling, Personal und so.

Stephan stimmt unmerklich zu und schmunzelt.

Schon, aber wenn ich dich danach frage, hast du eine Meinung, oder?

Nach einer kurzen Pause nickt Gebhard.

Na ja, ich kann dir sagen, was Sinnkopplung usw. an der üblichen Verkaufskommunikation ändert. Das hat was mit dem Unterschied zwischen überreden und entscheiden zu tun.

Stephan ermutigt ihn.

Du machst mich neugierig ...

· · · · · · ·

Die Essenz von Gebhards Gedanken war: Ein im klassischen Sinne guter Verkäufer kennt die psychologischen Kniffe, mit denen man

Kunden vom Kauf überzeugt. Beispielsweise stellt er nur Fragen, die der Käufer mit Ja beantwortet. Je häufiger der zustimmt, umso schwerer fällt es ihm, im selben Gespräch etwas abzulehnen. Oder der Verkäufer lässt die Schwächen des Produkts einfach weg. So umschifft er Lügen mit strategischem Schweigen.

Klappt die Taktik, unterschreibt am Ende jemand einen Kaufvertrag. Oft nicht, weil er tatsächlich möchte, sondern weil ihn der Vertriebler überzeugt hat. Wir denken dabei gerne an uns selbst. Bei einem in diesem Verständnis guten Händler sagt uns unsere Magengrube zwar, irgendwas passt nicht, trotzdem kaufen wir. Der Anbieter lebt nach der Devise: *Ich nehme jeden Auftrag, den ich kriegen kann.*

Ein wirksamer Verkäufer, in der Interpretation der Sinnkopplung, klärt mit seinem Gegenüber, welche Entscheidungsalternativen es gibt. Er akzeptiert darin die Möglichkeit der Ablehnung. Er untersucht zusammen mit dem Kunden dessen Wünsche und Bedarfe. Die Entscheidung bleibt beim Käufer. Anstatt zu versuchen, alle Aufträge mitzunehmen, besinnt sich die Firma auf ihre angebotenen Leistungen und sucht die dazu passende Klientel.

Kein Weg zu weit

Die Umstellung von *Wir nehmen jeden* auf *Wir wissen, wer mit uns zufrieden ist* ist auch bei Bewerbern und Lieferanten richtig. Sie entsteht aus der Frage: *Hat das Sinn?* In Kombination mit der Einsicht: *Das entscheidet jeder Mensch für sich allein.* Niemand kann einem anderen seinen Sinn vorschreiben. Doch selbst wenn man die Zusammenhänge versteht und gut findet, passiert die Umstellung ja nicht einfach so. In einem Workshop zur Betriebskatalyse kam einmal die Gretchenfrage.

· · · · · · ·

Wir sind im zweiten Tag des Grundkurses für Betriebskatalysatoren. Sechs Mitarbeiter sind mit Gebhard zusammen in ein Seminarhaus gekommen. Sie erschließen sich die Aufgaben und Eigenschaften der neuen Rolle. Nachdem schon viele Themen diskutiert wurden, platzt Silke der Kragen.

Und wofür machen wir den Aufriss? Ich meine, stell ich mir die Kollegen vor, kommt von der Mehrheit, dass es für sie in Ordnung wäre, wenn ihnen Stephan einfach sagt, was sie tun sollen. Nach dem ganzen Prozess finden sie, ist doch klar, dass er es gut meint. Und wir hocken hier rum, um uns davon zu überzeugen, das genaue Gegenteil zu tun. Bloß keinem sagen, was er zu tun hat. Immer schön darauf achten, dass sich jeder selbst entscheidet. Wissen Stephan und du, wie anstrengend das ist? ...

Sie hält kurz inne, dann lächelt sie.

Ja, klar, ihr macht das schon die ganze Zeit, oder? Ihr vermeidet es angestrengt, uns irgendwas vorzugeben. Wir müssen selber entscheiden.

Die anderen bestätigen mit ihren Blicken Silkes Entdeckung. Einige grinsen jetzt ebenfalls wissend in sich hinein. Silke fährt fort:

Doch das ist nicht der Punkt. Ihr haltet das für richtig. Das ist euer Ding. Aber warum soll ich mitmachen? Ihr könnt euch ja gerne aufreiben. Ohne guten Grund bin ich da raus!

Von den anderen kommt zustimmendes Murmeln. Sie alle finden das Brimbamborium rund um Sinn und persönliche Entscheidung sehr anstrengend. Gebhard überlegt kurz, bevor er antwortet.

Vorab, wir halten es für unumgänglich. Wir Menschen ticken so. Du selbst zeigst es ja gerade. Solange es für dich keinen Sinn ergibt, hängst du dich auch nicht rein. Daneben fallen mir noch zwei wichtige Gründe ein.

Erstens, die Qualität steigt. Es gibt zwar nach wie vor viele Baustellen. Doch seit immer mehr Mitarbeiter den Unternehmenszweck verstehen und für sinnvoll halten, ist einiges deutlich besser geworden. Materialengpässe sind de facto Geschichte. Die ganze Belegschaft achtet auf Verschwendung. Das hat die Ausgaben merklich verringert.

An dieser Stelle fällt ihm Urs ins Wort.

Und weil jetzt alle wissen, um was es geht, finden wir beispielsweise auch einfacher die richtigen Mitarbeiter.

Die restliche Gruppe schaut überrascht auf Urs. Er hebt verteidigend die Hände.

Ich mein ja nur. Das ist auch wichtig!

Alle nicken und schauen zurück zu Gebhard.

Zweitens hilft es uns dabei, Krisen zu bewältigen.

Sabine fragt sofort:

Wie das?

Gebhard atmet durch.

Das ist ziemlich abstrakt. Ich versuch mal, es halbwegs verständlich zu erklären. In Innsbruck forscht die Psychologin Tatjana Schnell[19] dazu. Sie fand heraus, dass Sinnkopplung deutlich stabiler ist als An-

---

19 Tatjana Schnell, Thomas Höge Kein Arbeitsengagement ohne Sinnerfüllung;
    Wirtschaftspsychologie 14. Jahrgang 2012 | Heft 1, S. 91–99

reize wie etwa Bonuszahlungen. Ein überraschendes Weihnachts-geld freut einen in dem Moment, in dem es aufs Konto kommt. Aber kaum einer fühlt sich deshalb gegenüber der Firma verpflichtet.

Urs ergänzt:

Ist ja klar. Die Leistung für das Weihnachtsgeld hat man ja schon gebracht. Das kommt ja immer hinterher.

Gebhard nimmt den Faden lächelnd wieder auf.

So sieht es ein Mitarbeiter. Deshalb wechselt dieser Mensch auch einfach den Betrieb, wenn er woanders ein höheres Weihnachtsgeld bekommt. Das gilt übrigens genauso für das Gehalt an sich, das Fir-menauto, die Urlaubstage usw. Anders schaut es freilich bei jeman-dem aus, für den es Sinn hat, in einem Unternehmen zu arbeiten. Er kennt eine Mischung aus emotionalen, sachlichen und sozialen Gründen, wegen denen er jeden Tag kommt. Die Verbundenheit ist so hoch, dass viel zusammenkommen muss, bis dieser Mensch die Firma verlässt. Einfach nur die Chance auf mehr Geld in einer an-deren Firma reicht da lange nicht. Mit solchen Kollegen überstehen Firmen auch handfeste Krisen.

Jetzt meldet sich Mia zu Wort.

Genau, ich bin zu Heiler, weil ich es leid war, anderen im Namen der Geschäftsleitung zu sagen, wie ihre Arbeit geht. Hier fühle ich mich in meinem Team wohl, kann Sachen entscheiden und gleich umset-zen und komme mit dem Gehalt klar. Genau deshalb bleib ich auf jeden Fall hier, egal was noch kommt.

Richtig rechnen

Die Forschungen von Tatjana Schnell bestätigen, was die Umfrage von Gallup und der DGB-Index nahelegen: Sinn macht leidensfähig und belastbar. Oder wie es Nicholas Taleb nennt, antifragil.[20] Neben der Nachfolge und der daran anschließenden Reorganisation sah sich die Belegschaft von Heiler in den letzten vier Jahren mit der Insolvenz der Schwesterfirma konfrontiert. Außerdem hat der Markt aufgehört zu wachsen.

Dennoch versuchen viele, auch ehemalige Mitarbeiter, ihr Glück, indem sie eine direkte Konkurrenz gründen und den Wettbewerb verschärfen. All das passierte praktisch zeitgleich. Dem allem zum Trotz blieben etliche wertvolle Kollegen und es gelang uns, absolute Leistungsträger dazuzugewinnen. Wir sind überzeugt, würden wir die Menschen nicht regelmäßig auffordern, sich ausdrücklich für ihr Engagement bei Heiler zu entscheiden, die Firma wäre an den Krisen bereits gescheitert.

Natürlich kann auch ein sinngekoppelter Mitarbeiter nur so gut leisten, wie er die wirtschaftlichen Unternehmenszusammenhänge begreift. Reicht dafür das einbeziehende Entscheidungs-Design? Genügt es, wenn es Katalysatoren gibt und jeder schrittweise lernt, mit dem Denkwerkzeug der Firmen-DNA zu arbeiten? Kommt der Erfolg wie von Zauberhand, weil die Belegschaft sinnhaft ankoppelt?

---

20 *Nassim Nicholas Taleb; Antifragilität: Anleitung für eine Welt, die wir nicht verstehen; btb Verlag Juni 2014*

Ein Berater von Heiler in Sachen Controlling brachte es auf den Punkt:

Egal was ihr hier sonst richtig macht, Stephan, auch die Zahlen müssen stimmen!

WIR SIND WAS WERT!

Gebhard hat den Tag in den Produktbereichen verbracht. Am späten Nachmittag sitzt er mit Sabine und Silke zusammen. Die offiziellen Termine sind vorbei. Sabine kam erst während des Veränderungsprozesses zu Heiler. Sie weiß nicht, wie die Firma vorher organisiert war. Heute interessiert sie ein ganz bestimmtes Thema.

Gebhard, wir kriegen ja regelmäßig diese Firmenzeitung, den Info-letter. Am Anfang stehen die Wasserstandsmeldung und die Reklamationsquote. Der Wasserstand zeigt mir unsere Erträge und Aufwände aus den letzten Wochen. Im Text lese ich manchmal, dass das den Erfahrungen entspricht oder davon abweicht. Doch woran soll ich mich orientieren? Bei meinen anderen Arbeitgebern gab es immer Ziele. So was wie: „Dieses Jahr streben wir zwanzig Prozent mehr Umsatz mit Glasduschen an." Gibt es das hier überhaupt nicht? Oder Zielvereinbarungsgespräche. Gibt es die bei Heiler auch nicht?

Gebhard legt den Kopf schräg.

Vermisst du das?

Sabine lacht.

Die Vereinbarungen können mir gestohlen bleiben. Aber mit den Zielen wusste man halt, woran man ist.

Gebhard lächelt auch.

Es freut mich, dass wir uns die Art von Personalgesprächen sparen dürfen. Weißt du, wie viel der Zielvorgaben deine alten Arbeitgeber erreicht haben?

Sabine verdreht ein wenig genervt die Augen.

Keine Ahnung. Das ist Aufgabe der Führungsriege. Was sollen überhaupt die ganzen Gegenfragen. Gibst du mir auch mal eine Antwort?

Silke, die bisher schweigend daneben saß, lacht laut auf.

Von Gebhard bekommst du zu so einem Thema nie was Konkretes. Vergiss es!

. . . .

Wie in Kapitel drei und vier beschrieben, wollen wir die Mitarbeiter ins Denken bringen. Die Firma soll von ihrer Klugheit profitieren. Das gilt insbesondere für alles, was mit Wirtschaftlichkeit zu tun hat. Wir unterstützen die Kritik an Zielsystemen und damit verknüpften Anreizen. Wir sehen die Erkenntnisse etwa von Daniel Pink[21] täglich bestätigt. Er weist nach, dass Incentives das Ergebnis von geistiger Leistung verschlechtern.

Den Zusammenhang erklärt er an einem einfachen Experiment. Die Kandidaten bekommen denselben Auftrag. In einem Karton liegen Reißnägel, Streichhölzer und eine Kerze. Die Aufgabe ist, mit den Utensilien die brennende Kerze an der Wand zu befestigen. Gemessen wird, in welcher Zeit die Kandidaten zur Lösung kommen. Eine Gruppe wird mit einer Geldprämie angereizt, die andere soll es einfach so schaffen. Entgegen allgemeiner Annahmen, ist das Ergebnis eindeutig: Durch materielle Reize wird die Lösungsfindung deutlich langsamer.

Wir gehen allerdings noch einen Schritt weiter. Wir sind überzeugt: Materielle Firmenziele halten Menschen davon ab, sinnvoll nachzudenken. Sinnvoll heißt, zum Wohl der Firma. Sie mögen persönlich hilfreich sein. Wie Werte, Visionen und Missionen. Im Kollektiv behindern sie vernünftige Lösungen.

---

21 *The puzzle of motivation; Daniel Pink; https://youtu.be/rrkrvAUbU9Y*

In einer ähnlich gelagerten Diskussion mit einem Unternehmer fragte dieser Stephan und Gebhard: *Wenn ihr glaubt, dass Leistungsergebnisse nichts mit materiellen Anreizen zu tun haben, wie erklärt ihr dann die Erfolge eines Robert Bosch, Henry Ford, oder Jack Welch?*

Unsere Antwort:

- *Mit einem gerüttelt Maß an glücklichen Zufällen,*

- *aufgrund des offensichtlichen Genies und*

- *wegen der relativ vorhersehbaren Rahmenbedingungen.*

Am Glück dreht keiner von uns beiden. Sosehr wir es uns wünschen, fehlt uns augenscheinlich zudem ein ordentliches Stück Genius im Vergleich zu den genannten Namen. Was sich generell verändert, ist die Übersicht. Die Welt ist zunehmend VUCA[22]. Das heißt volatil, unsicher, komplex und mehrdeutig.

Das zeigt auch unsere Firmengeschichte. Alois Heiler gründete mit einem einzigen Produkt, der individuellen Glasdusche. Er patentierte sich frühzeitig ein eigenes Schiebesystem und konstruierte die restlichen Lösungen mit Zukaufartikeln. So wie Steve Jobs der Legende nach in der eigenen Garage anfing, machte Alois alles selbst, vom Aufmaß über die Konstruktion bis zur Montage. Er war Pionier in einem neuen Markt. Es gab damals praktisch keine Wettbewerber. Auf Messen sprachen ihn Installateure an, ob sie sein Produkt auch ihren Kunden anbieten durften? Seine bestimmende Herausforderung war, mit dem Marktwachstum Schritt zu halten.

Das änderte sich. Heute sind es allein knapp sechzig Duschmodelle. Jedes mit bis zu acht unterschiedlichen Ausstattungen und Funk-

22   Wikipedia: https://de.wikipedia.org/wiki/VUCA

tionen. Das ermöglicht Tausende Varianten. Oder anders gesagt: Es gibt keine zwei baugleichen Heiler-Duschabtrennungen. Das gilt genauso für die weiteren Produkte aus Glas, die inzwischen die Angebotspalette erweitern, wie zum Beispiel Raumteiler, WC-Trennwände, Glasrückwände, Brüstungsverglasungen, etc.

Außerhalb der Firma dasselbe Bild. Der Wettbewerb ist global. Ähnliche Ware findet man in jedem Baumarkt. Aus Übersee kommen genormte Bausätze für einen Bruchteil unserer Preise. Natürlich sagen wir: Das kann man nicht vergleichen. Dabei wissen wir, wer zu Hause gerade renoviert, sieht das unter Umständen anders.

Die Veränderungen stellen langjährig entwickelte Vertriebswege infrage. Sie fordern vom Unternehmen eine klarere Positionierung im Wettbewerb. Allerdings ohne jeden Hinweis, welche Klarheit erwünscht ist. Zu all diesen bekannten Mustern eines sich entwickelnden Marktes gesellt sich noch das Phänomen unserer Zeit – die Digitalisierung. Eröffnen uns die neuen Technologien Möglichkeiten? Wenn ja, wie nutzen wir sie?

Glauben Sie uns, die Vielfalt der Chancen und darin verborgenen Risiken bringen auch unsere Köpfe regelmäßig zum Schwirren. Doch wie begegnen wir dieser Last? Mit Lastverteilung! Wir halten es für sehr gewagt, wenn ein Unternehmer allein oder ein kleiner Führungskreis versucht, der belegten Komplexität im Namen einer ganzen Belegschaft Herr zu werden. Wir möchten Ihnen stattdessen zeigen, wie sich Personal-Passagiere zu Leistungsträgern für die Firma entwickeln.

Planmäßig verirrt

Ein Paradigma, das wir mit Bezug auf die zunehmende Unsicherheit seit Beginn der Transformation infrage stellen, ist die strategische Planung. Bitte nicht mit Aktionsplanung verwechseln. Wir schätzen es sehr, überlegt zu handeln. Wir misstrauen vielmehr der Vorwegnahme der Zukunft. Umsatz-, Absatz-, Preis- etc. -ziele haben mit der Wirklichkeit oft wenig zu tun. Sie befriedigen schlicht unseren Wunsch nach einer verständlichen Welt. Das erinnert uns an die Vorbereitung eines Treffens von Stephan mit der Bank.

· · · · · · ·

Gebhard und Stephan sitzen zusammen, um die Zahlen für die kommende Quartalsbesprechung durchzugehen. Stephan wirft mit dem Beamer die abgestimmten Planzahlen an die Wand. Auf dem Tisch liegt ein Ausdruck der tatsächlichen Ergebnisse. Gebhard schaut auf die Excellisten.

Die Umsatzprognosen weichen ja ganz ordentlich voneinander ab. Leider zu unseren Ungunsten.

Stephan nickt. Er hat die Zahlen schon im Vorfeld durchgeschaut.

Jepp, das ist die schlechte Nachricht.

Gebhard schaut mit einem Fragezeichen im Gesicht auf.

Gibt es auch eine gute?

Stephan verzieht den Mund zu einem schrägen Lächeln.

Das Gesamtergebnis passt trotzdem.

Gebhard studiert neugierig die Zahlen. Dann erhellt sich sein Blick.

Deutlich weniger Ausgaben!

Stephan nickt. Gebhard fährt fort.

Das heißt, wir liegen praktisch in allen Planungen voll daneben. Am Ende kommt aber trotzdem das passende Ergebnis heraus?

. . . .

Wir waren damals gespannt, wie die Bank reagiert. Sie war zufrieden. Das Gesamtergebnis entsprach ja dem Plan. Warum klappte das? Man könnte erwarten, dass sich das Geldinstitut ein wenig mehr engagiert. Sollten sie nicht intensiv hinterfragen, weshalb wir keine der Prognosen erfüllten, außer dem Abschluss? Was soll die Planerei, was sollen die fortwährenden Soll-Ist-Vergleiche, wenn sie am Ende belanglos sind?

Gebhard ist diesen Fragen schon mit vielen Geschäftsführern hartnäckig nachgegangen. Es läuft fast immer auf dieselbe Antwort hinaus: Die Planung bringt ein Gefühl von Sicherheit. Strategisch planen ist so gesehen vor allem ein psychologischer Kniff. Wir übertölpeln uns selbst.

Natürlich wissen wir rein rational, dass wir die Zukunft nicht vorhersagen können. Deshalb ist es für die Bank auch kein Anlass zur Diskussion. Man wusste ja schon vorher, dass die Wirklichkeit von der Absichtserklärung abweicht. Dennoch bestätigte sich der Gesamteindruck, dass Heiler seine Herausforderungen meistert. Alle sind zufrieden.

Das geplante Ergebnis zu erreichen, ja mehr noch, es laufend recht simpel kontrollieren zu können, stärkt unser Gefühl, die turbulente Welt im Griff zu haben. So weit, so gut, doch wie hat die Firma das erreicht? Ganz ehrlich: Indem wir uns selbst die Sicherheit weg-nehmen.

Was es bei Heiler nicht gibt:

- Strategische Pläne und daraus abgeleitete

- Absatz-, Umsatz- oder Kostenzielvorgaben

- Zielvereinbarungsgespräche

- Bonusvereinbarungen mit Mitarbeitern

- Variable Vergütung

- Abschlussquoten

- Abteilungs-, Bereichs-, Teambudgets

Was es bei Heiler dafür gibt:

- Kassentransparenz über Umsatzerlöse, Aufwände und Deckungs-beiträge

- Regelmäßiger Bericht zur Entwicklung der Reklamationsquote

- Übersicht der Verkaufsentwicklung der Kundensegmente

- Betriebsversammlungen zur strategischen Abstimmung überge-ordneter Projekte wie etwa der Anschaffung und Einführung eines neuen EDV-Systems.

Theoretisch optimal

Worin unterscheiden sich die Muster? Anstatt die Entwicklung der Firma gegen eine Sollvorgabe abzugleichen, reflektieren wir ständig den Ist-Zustand. Wo in vielen Unternehmen die Geschäftsführung Maßstäbe für richtig und falsch festlegt, zeigen wir, was wir über die Wirklichkeit wissen. Dann überlegt jede und jeder in der Belegschaft, ob wir uns dazu angemessen verhalten. In der gängigen Methodik können etliche Mitarbeiter ihr Hirn getrost ausschalten. Sie berichten mithilfe des Formularwesens, ob sie ihren Teil vom Plan erfüllen. Die Vorgesetzten kontrollieren das und senden ihrerseits Auswertungen nach oben. An der Spitze überprüft man „alles". Als Reaktion gibt es ein „Weiter so" oder Kurskorrekturen.

Das ist kaum mehr als eine Beschäftigungstherapie. Sie kommt von den Anfängen des Scientific Management[23]. Dort ist es ein Grundprinzip, dass nur Oben denkt und Unten ausschließlich handelt. Solange die Welt anspruchslos ist, funktioniert das sogar. Der psychologische Lohn: Jeder fühlt sich sicher. Der Sachbearbeiter / Werker ist sicher, dass sich jemand Gescheites um die wichtigen Dinge kümmert, dafür haben die ja studiert. Der mittlere Manager ist sich seiner Karriere sicher, wer schreibt, der bleibt. Der Vorstand ist sicher, den Laden im Griff zu haben – die machen, was ich sage.

Die Welt, in der Heiler überleben will, ist unsicher und so ungleich anspruchsvoller. Wir sind deshalb überzeugt, jedes eingeschaltete Gehirn, das für die Firma mitdenkt, schafft Wert. Anstatt Blauäugigkeit zu organisieren, ist unsere Herausforderung, Klugheit zu koordinieren. Psychisch wie rational.

Konkret heißt das, alle bei Heiler stehen unter der ständigen Kontrolle des Marktes. Wie bereits im Kapitel über die Katalysatoren

---

23   *The Principles of Scientific Management; Frederick Winslow Taylor; Forgotton Books; 2008*

angesprochen, ist eine ihrer Kernaufgaben, die Organisation mit aktuellen Informationen zu versorgen. Bei uns berichten nicht die Mitarbeiter in die Zentrale, hier gibt das Zentrum der Belegschaft Auskunft.

Die Umkehrung der Richtung, in die das Reporting und die Beschlüsse laufen, verlangt von jedem, eigenverantwortlich zum Wohl der Firma zu entscheiden und zu handeln. Betriebskatalyse heißt auch, dass die Kollegen verstehen, wie es wirtschaftlich um den Betrieb steht. Nur so entsteht sinnvolles Verhalten. Wir nennen diese Art von Reporting, anders als den Soll-Ist-Vergleich eines Plans, ein Ist-Ist-Feedback-System. Es fing mit der von Sabine erwähnten Wasserstandsmeldung an.

. . . .

Stephan und Gebhard sitzen zusammen. Zum wiederholten Mal geht's um Transparenz. Stephan holt sich eine Flasche Wasser.

Ja, ich bin ja bei dir, die Leute sollen verstehen, wie es wirtschaftlich aussieht. Aber wie geht das?

Gebhard lehnt sich nach vorne. Mit den Händen formt er eine Kugel.

Wir zeigen ihnen die Zahlen.

Stephan setzt das Wasser ab. Er lacht leicht genervt.

Genau, seh ich auch so. Aber ich geb doch nicht einfach die BWA raus. Zum einen versteht die keiner. Zum anderen wissen wir nicht, wer was damit macht. Ähnlich ist es mit den Gehältern. Ich würde das jederzeit offenlegen. Die Mitarbeiter wollen das allerdings gar nicht. Also, was zeigen wir ihnen. Die Umsätze? Die Auftragszahlen? Die Krankheitstage, was?

Gebhard steht jetzt auch auf. Er geht zur Flipchart.

Auf keinen Fall nur die Umsatzerlöse. Wir müssen darauf achten, dass sie von vornherein Rendite beispielsweise von Wachstum unterscheiden. Außerdem brauchen wir einen Wert, der ihnen sagt, was möglich ist. Am besten einen Wettbewerbsvergleich. So was wie: Die direkten Konkurrenten erzielten im gleichen Zeitraum einen Gewinn von X Euro.

Stephan seufzt.

Das kannst du vergessen. Solche Zahlen bekommen wir nicht. Was geht noch?

Gebhard denkt nach. Er malt zwei Balken an die Flipchart und darüber eine Raute.

Die gelbe Säule sind die Umsatzerlöse, die wir in einer Woche erzielt haben, die rote die zur gleichen Zeit gebuchten Aufwände. Die grüne Raute ist das theoretische Optimum.

Stephan setzt sich hin.

Das was?

Gebhard erklärt weiter.

Ich weiß das von meinem Bruder. In seiner Firma entwickeln sie Batterien. Dort kennen sie die rechnerisch maximal möglichen Leistungsdaten. Sie gelten für absolute Reinheit der Werkstoffe, ideale Klimabedingungen usw. Ein Zustand, den es nicht gibt. Aber zumindest wissen sie, ob ihre Batterie dem theoretischen Optimum nahe kommt oder nicht.
Wir können so was Ähnliches machen. Wir nehmen das Produkt mit dem höchsten Ertrag, dann gehen wir davon aus, dass alle

Mitarbeiter da sind und einbauen. Es finden keine Reklamationen oder Reparaturen statt. Wie viel Umsatzerlös wäre dann möglich gewesen.

Stephan fällt ihm ins Wort.

Das ist Quatsch, so was gibt es nicht. Irgendeiner ist immer krank, oder in Urlaub, oder, oder, oder. Grade so mit den Reklamationen. Klar können wir versuchen die Quote zu senken. Auf null kommt die aber nie.

Gebhard nickt heftig.

Darum geht es. Der Wert ist nur theoretisch möglich. Trotzdem markiert er so was wie den dynamischen oberen Spielfeldrand. Dynamisch, weil die zur Verfügung stehenden Mitarbeiter schwanken. Bei Heiler sind das die Monteure. Erst mit ihrer Arbeit können wir die Rechnung stellen. Es ist gleichgültig, wie viel die anderen Kollegen in die Pipeline schieben. Geld verdient die Firma nur mit dem, was auch ausgeliefert wird. Also die Anzahl der zur Verfügung stehenden Monteure sowie die durchschnittliche Quote der Montagen pro Tag lässt uns das theoretische Optimum berechnen. Hier schlagen dann die Urlaubs- und Krankheitstage zu Buche. Sie gehen in die Kalkulation ein. Dadurch ergeben sich die verschiedenen Abstände der Raute. Die Ausgaben markieren den unteren Spielfeldrand. Wenn wir die Grafik so erklären, wird klar, die Firma muss über den roten Balken kommen. Niemand kann mehr erwarten, als bis zur Raute. Liegt der Umsatz zwischen diesen Punkten, überleben wir.

Groß braucht Klein

Wir führten die Wasserstandsmeldung zusammen mit der Reklamationsquote als regelmäßigen Bericht ein. Die Balken zeigen die wöchentliche Entwicklung. Die Linien kamen später hinzu. Sie zei-

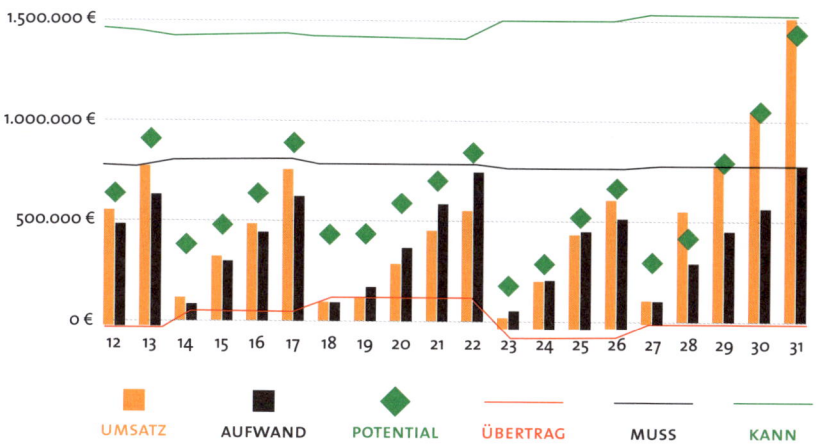

gen monatliche Veränderungen. Sie bilden sich aus den Summen
der Wochenbalken. Die grüne ist auch hier das theoretisch Mögliche. Die rote markiert die monatlichen Aufwände. Die gelbrote ist
der summierte Wert aus tatsächlichen Erträgen und Kosten. Wenn
man so möchte, der Kassenstand. Sie schwankt um den Nullpunkt
der X-Achse. Am Monatsübergang nimmt sie das Ergebnis des ab-
gelaufenen Monats mit in den nächsten.

Die gesamte Belegschaft erhält seither den sogenannten Infoletter.
Neben der übergeordneten Wirtschaftlichkeit beinhaltet er weitere
Neuigkeiten aus dem Betrieb. Beispielsweise Artikel über Messen,
Sicherheitsthemen, Produktentwicklungen usw.

Wie es Stephan andeutete, werden wir in diesem Zusammenhang
oft nach der Offenlegung der Gehälter gefragt. Auf unserem Weg
erkannten wir, dass das keine Voraussetzung ist. Nicht, dass wir uns
dagegen wehren. Sobald die Belegschaft es verlangt, legen wir gerne die Einkommensstruktur offen. Das ist allerdings bis heute nicht
passiert. Statt einer Gehaltsdiskussion gab es andere Schwierigkeiten mit der Berechnung. Schon bald überschritt der Umsatz in einer Woche unser theoretisches Optimum. Das machte uns stutzig.

Wenn wir einen Bericht veröffentlichen, sollten die Zahlen stimmen. Oder zumindest wollen wir wissen, warum nicht.

Es stellte sich heraus, dass in diesem Zeitraum ein großes Objekt abgerechnet worden war. Die Firma verzeichnete also auf einen Schlag hohe Einnahmen, denen in den Monaten zuvor Ausgaben ohne Rechnungseingänge gegenüberstanden. Bis heute arbeiten wir daran, die Wasserstandsmeldung zu verbessern. Das Grundprinzip blieb seit der Einführung gleich. Wir zeigen keine Erlöse ohne die Aufwände.

Von der Aufnahme des Berichtswesens an die Belegschaft erhofften wir uns natürlich den Effekt, dass die Mitarbeiter wirtschaftlich bewusster unterwegs waren. Davon war allerdings erst einmal wenig zu merken. Es verbesserte sich, als wir die Brücke vom Großen ins Kleine bauten. Bei uns war das Kleinklein der einzelne Auftrag. Auf der Betriebsversammlung im Frühjahr 2016 spielten wir erstmals eine Deckungsbeitragsrechnung durch.

· · · · · · ·

Pascal sitzt zusammen mit den Kollegen im Podium vor der Bühne. Oben zeigt Stephan gerade Zahlen, Daten und Fakten der Firma. Die Wasserstandsmeldung, Reklamationsquote, Neuanstellungen, Abgänge usw. Links neben den Stühlen ist eine große Holzwand. Mehrere kleine Schilder hängen schon daran. So wie es aussieht, unbeschriftet. Gebhard steht an einer Seite der Wände. Pascal schaut gerade zu ihm und hört Stephan sagen:

Jetzt erarbeiten wir uns die Auftragskalkulation. Wie das geht, erklärt euch Gebhard.

In dem Moment dreht der die Kartons um. Auf den Rückseiten sind sie schon beschriftet. Gleichzeitig fängt der Berater an zu erklären.

Die Idee von dieser Aktion ist, dass ihr euch überlegt, wie Heiler sein Geld, also auch eure Gehälter verdient.

Pascal ist ganz Ohr. So wie die weite Mehrheit der Belegschaft. Gebhard fährt fort.

In jeder Installation steckt alles drin, was wir dazu brauchen. Bevor die Firma für einen Auftrag ihr Geld kriegt, ist einiges zu tun. Ihr macht für ihn ein Aufmaß, erfasst ihn, schleust ihn durch die Konstruktion, den Glaseinkauf, die Werkstatt usw. Am Ende steht die Montage. Sobald die ohne Reklamation fertig gemeldet ist, geht eine Rechnung raus. Die bezahlt der Kunde dann bestenfalls inner-

	Wiederverkäufer	gewerbliche Endkunden	private Endkunden
ø Umsatz pro verkaufter Installation			
Invest Mark			
Invest Produkt			
Invest POI			
Aufwände Material			
übrige Aufwände			
ø Ertrag pro Installation			

halb der vorgegebenen Frist. Wir haben das mal in einer Tabelle dargestellt. Die Spalten sind eure Kundensegmente. In den Zeilen stehen die durchschnittlichen Umsatzerlöse, die Aufwände und am Ende der Ertrag.

Die Belegschaft fängt an zu murmeln. Auch Pascal fragt sich, ob er alles richtig verstanden hat. Er flüstert zu Sophia, die neben ihm sitzt:

Will er jetzt irgendwelche Zahlen von uns wissen? Die kennen wir doch gar nicht.

Sophia schreibt schon eifrig. Sie grinst ihn an.

Das ist ja grad die Idee. Wir sollen uns das überlegen. Ich hoffe, am Ende zeigen sie uns die richtigen Werte.

Jetzt ist Pascal ein wenig verwirrt. Er versteht erst einmal nicht, wie Sophia so schnell loslegen kann. Er fängt an zu rechnen.

Wie viel Duschen haben wir im letzten Monat verkauft? Was stand nochmal in der Wasserstandsmeldung, wie hoch war der Umsatz? Ahh nein, die wollen ja die Aufwände wissen! Oder doch erst den Umsatz?

Er schaut sich um und sieht, wie auch andere noch versuchen zu verstehen. Da springt Eugen bereits mit fünf Zetteln auf. Er geht zum Berater. Der fragt ihn:

Was hast du denn alles dabei?

Eugen antwortet:

Na, die Zahlen für die Wiederverkäufer.

Gebhard grinst und nimmt die Zahlen in Empfang. Pascal ist völlig durcheinander. Ging es nicht erst einmal nur um den durchschnittlichen Umsatz für die Wiederverkäufer? Da wendet sich der Berater an die Belegschaft.

Bitte, wir wollen erst mal den Umsatz pro Installation bei den Wiederverkäufern. Dann kommen wir zu den Aufwänden. Also jetzt erst einmal nur die erste Zelle. Sprich den durchschnittlichen Umsatz bei den Wiederverkäufern.

Pascal atmet durch. Hat er es doch richtig verstanden. Aber wie kommen einige so schnell zu ihren Zahlen. Er muss da erst einmal rechnen. Mehr als eine halbe Stunde später ist die Tabelle endlich voll. Pascal ist zufrieden. Die Schnellen hatten einfach nur getippt. Und sie lagen deutlich daneben. Er hingegen kalkulierte. Seine Ergebnisse lagen ziemlich nahe an der Realität. Schon bald spickten die Kollegen bei ihm. Auch in dem ganzen Durcheinander verstanden sie am Ende alle, wie Heiler über jeden einzelnen Auftrag sein Geld und auch Pascals Einkommen erwirtschaftete.

Besser ohne doppelten Boden

Viele Kollegen überlegten an diesem Tag das erste Mal, wie die Firma ihr Gehalt überhaupt verdient. Als wir am Ende zeigten, wie die tatsächlichen Werte aussahen, begriffen etliche erstmals ihren Beitrag zum Einkommen des Betriebs. In der Folge hielt überall der Hausverstand Einzug in den Alltag von Heiler. Wie im eigenen Haushalt bezogen die Menschen neuerdings wirtschaftliche Überlegungen in ihre Arbeit ein.

So reagierten die Kollegen auf die Kündigung eines Vertriebsmitarbeiters mit der Ansage: „Für ihn brauchen wir keinen Ersatz, das gleichen wir als Team aus!" Von außen derart klar zuordenbare Entscheidungen sind dabei eher selten. Das meiste passiert, ohne dass man es eindeutig identifizieren kann. Am eindrucksvollsten war bisher die Reaktion auf Zahlen, die wir im Herbst 2016 auf einer Vertriebstagung zeigten.

Die Ausgabenhöhe war damals sehr kritisch im Vergleich zu den Erlösen. Es war allerdings kein konkreter Posten auszumachen, an dem es hing. Vielmehr verteilten sich kleine Mehraufwände auf viele verschiedene Stellen in der Firma. Im POI bereiteten wir die Daten wie im Frühjahr für die Mitarbeiter auf, ohne eine bestimmte Verhaltensänderung zu verlangen. Stephan wies nur darauf hin, dass sich jeder überlegen sollte, wie sie oder er zur Verbesserung beitragen könne.

Fünf Monate später waren die Aufwände um 19 % gesunken. Es gab dazu kein Projekt, keine Taskforce, kein Eingreifen durch eine Führung. Wir wissen bis heute nur grob, was sich im Einzelnen veränderte.

Wir begriffen damals: Wenn sie wollen, schaffen mündige Menschen in kürzester Zeit Veränderungen, die jenseits der Möglichkeiten von gemanagtem Change stattfinden. Und das ganz ohne die Sicherheit irgendeiner Planvorgabe. Alle sehen regelmäßig die Ist-Zahlen. Entsprechen die nicht unseren Vorstellungen, müssen wir im Alltag Dinge anders angehen. Nach der Anpassung zeigen uns die aktualisierten Werte, ob es eine Entwicklung in die erwartete Richtung gibt. Das Ergebnis ist ein Kreislauf der kontinuierlichen Verbesserung.

DAS STRATEGIE-DRAMA

Gebhard unterhielt sich über die ganzen Zusammenhänge einer Firma ohne formale Führung einmal mit einem anderen Berater. Der hörte sich alles interessiert an, dann fragte er:

Das ist für den Alltag ja schön und gut, aber wie geht ihr mit Investitionen um? Da müsst ihr doch vorausplanen. Das braucht Budgets usw.

Um diese Frage zu beantworten, laden wir Sie ein, unseren Weg einer strategischen Anschaffung von Beginn an mitzugehen. Es handelt sich um die Auswahl einer neuen Betriebssoftware, wie wir heute wissen, eines XRM-Systems. Das X steht für alle möglichen Menschen, das R für Beziehung (Relationship) und das M für Management. Wobei es hier vorrangig nicht um die Koordination von Personen, sondern die von Daten geht. Den Samen pflanzte ein Außendienstmitarbeiter. Er kam eines Tages auf Stephan zu.

1. Akt – Struktur statt Alltag

Urs ist schon einige Zeit unzufrieden. Endlich ergibt sich die Gelegenheit, mit Stephan darüber zu sprechen. Er fällt sofort mit der Tür ins Haus.

Also, erst vorgestern passierte es wieder. Ich treff mich mit einem Installateur auf der Baustelle beim Endkunden. Wir klären Details zur Montage. Dann fragt er nach einem anderen seiner Aufträge. Ich krame in meinen Unterlagen herum, doch genau der Vorgang liegt zu Hause. Der Kunde belächelt den Papierstapel und winkt mit einem Tablet: „Ich hab alles hier drin. Soll ich mal danach suchen?“ Grinsend sucht er die Bestellung heraus. Kann es wirklich sein, dass mir meine Kunden was vormachen? Da müssen wir dringend was daran ändern. Das ist peinlich!

Stephan stimmt nickend zu.

Du hast recht, ich nehm das mit.

Noch am selben Tag nimmt er Kontakt mit dem Anbieter des hauseigenen ERP-Systems auf. Er erklärt die Situation und fragt, wie man die Auftragsdaten elektronisch zum Außendienst bringt. Er erhält die Auskunft, dass das augenblicklich nicht zum Leistungsumfang gehört, das ginge eher in Richtung CRM (Customer Relationship Management). Stephan recherchiert nach den aktuell führenden CRM Anbietern und entdeckt eine Welt mit ganz neuen Möglichkeiten. Er erkennt, dass hier mehr Potenzial liegt, als einfach nur Daten für den Außendienst bereitzustellen.

2. Akt – Bedarf geht vor Show

Schnell sind einige Hersteller eingeladen, ihre Lösungen zu präsentieren. Nach unseren Spielregeln sitzen in den Terminen neben dem Geschäftsführer auch Außendienstler, Auftragsabwickler, die IT, das Controlling und der Organisationsentwickler mit am Tisch. Also eine Auswahl all derer, die später mit der Software arbeiten sollen. Die überraschten Gäste kommen gut mit der Menschenmenge klar. Ein paar freuen sich sogar über die neugierigen Fragen der Teilnehmer. Alle stimmen uns zu, es ist besser, viele interne Interessenten von Anfang an dabeizuhaben. Das baut Schwierigkeiten in der Einführung frühzeitig ab.
Die Gespräche zeigen uns die Möglichkeiten der Programme. So erkennen wir, dass wir weit mehr Probleme haben, als schlicht die Daten zum technischen Berater zu bringen. Wir stellen fest, es wäre fahrlässig, die Fähigkeiten der Software auf diesen einen Anwendungsfall zu reduzieren. Innerhalb von wenigen Tagen wird aus einer kleinen Zusatzfunktion im Verkauf ein strukturelles Projekt für alle Markt-Organe. Trotzdem sagen uns die Mitar-

beiter aus den Teams, dass sie die Diskussionen zwar spannend fanden, sie dennoch unnötig Zeit fressen.

Ella, Gebhard, Stephan, das Controlling und die IT überlegen sich das weitere Vorgehen. Schnell sind sie sich einig, dass die Präsentationen der Anbieter zu allgemein sind. Sie zeigen schöne Funktionen, einen Eindruck zu konkreten Heiler-Fragestellungen bekommen wir allerdings nicht. In der Verantwortung gegenüber den Kollegen aus dem Markt machen wir uns daran, greifbare Anwendungssituationen zu beschreiben. Wir kommen auf acht ausführliche Fallbeispiele. Die schicken wir den Anbietern und bitten um einen zweiten Termin. Jetzt geht es darum, wie sie unseren Alltag lösen. Schnell reduzieren wir die Auswahl auf zwei mögliche Lieferanten.

Die Reaktion der Mitarbeiter, sich aus den Sitzungen zurückzuziehen, erschien zuerst im Widerspruch zur Einbeziehung zumindest der Betroffenen in strukturelle Entscheidungsprozesse zu stehen. Den Kollegen fiel auf, dass wir sie aus ihrem Alltag rissen, um sich mal etwas anzuschauen. Doch genau dafür gibt es ja die Katalysatoren. Um sie von derartigen Suchprozessen zu entlasten. Erst ernsthafte Lösungsoptionen fordern die Einbeziehung der Mitarbeiter.

3. AKT – STRATEGIE ODER NICHT STRATEGIE

Das Thema CRM stand nun bereits ein gutes Jahr auf der strukturellen To-do-Liste. Mit der Reduktion auf zwei Anbieter wähnten wir uns auf der Zielgeraden. Einer war fähig, sieben von acht Fallbeispielen aus seinem Standard heraus abzubilden. Innerlich bereiteten wir schon die Entscheidung mit der Belegschaft vor, als wir uns erneut trafen, um die Integration mit dem bestehenden ERP-System zu besprechen.

Stephan kommt schnell zum Punkt.

*Wie muss ich mir das jetzt vorstellen? Wie kommen die nötigen Da-
ten vom CRM ins ERP und umgekehrt?*

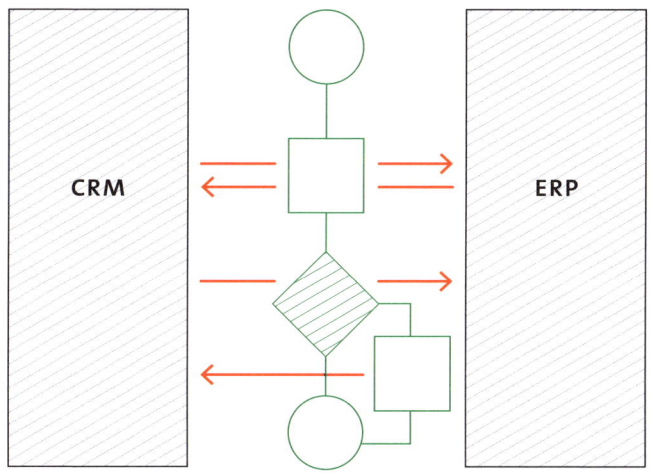

Herr Müller, der technische Projektleiter vom Anbieter, steht auf
und geht zur Flipchart. Er malt zwei Balken aufs Papier.

*Rechts ist Ihr ERP, links ist unser CRM. Dazwischen verlaufen Ihre
Auftragsprozesse. Bei jedem Prozessschritt überlegen wir:*

· Gibt es neue Daten?

· Wo gehen die hin, ERP oder CRM?

· Verarbeiten wir bestehende Informationen?

· Wo werden die gebraucht und wo kommen sie her?

· Sobald wir das Schema einmal haben, programmieren wir die
Schnittstelle.

Stephan nickt zu Max aus der IT. Der schüttelt den Kopf und wendet sich an Herrn Müller

Was, wenn der ERP-Anbieter eher unwillig ist? Wir kriegen da momentan keine, sagen wir mal, adäquate Unterstützung.

Herr Müller seufzt kurz und zuckt mit den Schultern.

Das macht es natürlich schwieriger – aber nicht unmöglich. Wir bekommen die Daten schon irgendwie hin- und hergeschoben. Sie müssen auch sehen, dass es sein kann, dass die Schnittstelle ständig anzupassen ist.

Stephan horcht auf.

Wie?

Herr Müller zuckt mit den Schultern.

Na ja, immer wenn eines der beiden Systeme ein Update bekommt, steht automatisch auch die Schnittstelle zur Prüfung an, ob sie noch so funktioniert, wie erwartet. Im Zweifelsfall müssen Sie sie dann ebenfalls anpassen.

Stephan schaut zu Max und zu Gebhard, beide nicken zustimmend. Er wendet sich wieder an Herrn Müller.

Und was kostet das alles zusammen?

Herr Müller setzt sich wieder hin. Er beginnt auf seinem Laptop zu tippen. Nach ein paar Minuten schaut er auf.

Lizenzen, Aufsetzen des Systems, Einführung mit Schulung von Powerusern und die für Ihre Anwendung erforderlichen Entwicklungen gehen so in Richtung hundertfünfzigtausend. Daraus leiten sich die

Servicekosten von ca. zwanzig- bis dreißigtausend im Jahr ab. Dazu müssen Sie Anpassungen im ERP hinzurechnen, zu denen kann ich Ihnen naturgemäß nichts sagen. Und dann die Schnittstelle mit ca. achtzigtausend.

Stephan ergänzt, was alle denken.

Dazu kommen dann noch jährlich die Servicekosten für das ERP und die möglichen Anpassungen der Schnittstelle, wann immer eines der beiden Systeme ein Update bekommt?

Herr Müller und Max nicken energisch. Stephan holt tief Luft.

Vielen Dank, Herr Müller, für Ihre Offenheit. Jetzt müssen wir uns darüber klar werden, was wir wollen und wie wir das weiterangehen.

Nach diesem Treffen verstärkte sich der Gedanke einer integrierten Software, die zumindest CRM und ERP in einem System abbildet. Den angesagten Preis würde eine komplette Umstellung kaum übersteigen. Die Entscheidung lag allerdings bei allen Betroffenen. Deshalb bereiteten wir die Kommunikation mit der ganzen Belegschaft vor, betraf es jetzt doch jeden. Der Punkt kam auf die Agenda der nächsten Betriebsversammlung. So wurde aus der kleinen Beschwerde eines Außendienstkollegen ein strategisches Projekt.

4. AKT – AUF'S RICHTIGE PFERD SETZEN

Auf der Betriebsversammlung stehen Ella, Stephan, Urs und Martin in der Pause zusammen. Soeben war Stephan mit der Präsentation zum Stand des CRM Projekts fertig geworden. Urs zwinkert ihm ein wenig verlegen zu.

Da hab ich ja was losgetreten.

Stephan schüttelt energisch den Kopf

Es war genau richtig. Vielleicht sogar schon ein wenig spät. Jetzt kennen wir die aktuellen Möglichkeiten, und ich muss sagen, das dürfen wir nicht auf die lange Bank schieben. Es gibt so viele Punkte, an denen wir uns verbessern können. Das war total wichtig, dass du das angesprochen hast.

Ella verdreht ein wenig die Augen.

Ja, stimmt alles. Aber es zieht sich schon wieder so hin. Am Anfang ging es um was Kleines, das schnell umzusetzen war. Eine Verbesserung, die man sofort spürt. Jetzt ist es ein Riesenfass. Und seit wir das mit der Schnittstelle wissen, ist es gefühlt eines ohne Boden.

Urs nickt zustimmend.

Das sehe ich genauso. Mir fehlen in den Kundengesprächen weiterhin die elektronischen Auftragsdaten. Ich renn nach wie vor mit meinem Papierstapel in der Gegend rum. Mit den Infos von eben, glaub ich, das geht auch noch eine ganze Zeit so weiter.

Jetzt ergreift Martin das Wort.

Ja klar, aber damals kannten wir den Rattenschwanz nicht, der da dranhängt. Ich halte es für fahrlässig, wenn wir versuchen, das schnell, schnell hinzubekommen. Von halbgaren Lösungen hab ich genug Beispiele auf meinem Schreibtisch liegen. Ich bin da voll bei Max und Gebhard. Das sollten wir mit der angebrachten Ruhe und Geduld durchziehen. Lieber einmal richtig als wieder tausend lose Enden.

Stephan schaut auf die Uhr. Die Pause ist um. Er fasst zusammen.

Ja, seh ich auch so. Wir nehmen uns die Zeit. Ich freu mich, dass alle die Probleme mit unserem aktuellen System sehen. Es ist keiner dabei, der sich voll gegen einen Austausch stellt. Das ist schon mal ein guter Anfang. Allerdings hab ich auch den Eindruck, dass kaum einer versteht, was die verschiedenen Anbieter eigentlich machen.

Weil wir den halbgaren Zustand des Projekts auf der Betriebsversammlung offen ansprachen, kam es zu einem regen Austausch über das Thema. Uns wurde klar:
Die Menschen konnten mit den Anbietern und den Softwarenamen wenig anfangen. Es würde uns viel Zeit kosten, die Systeme im Detail vergleich- und entscheidbar zu machen.
Allerdings gab es auch eine grundsätzliche Wechselbereitschaft, wenn wir herausstellen konnten, wo die Reise hingeht. Die Mitarbeiter verstanden jetzt die Tragweite der Lösung besser. Auch gerade die wirtschaftliche. Es fehlten ihnen allerdings greifbare Auswirkungen auf ihren Alltag.
Anfangs hatten wir angenommen, die Belegschaft träfe dieselbe Entscheidung wie eine Geschäftsführung. Wir zeigen ihr die verschiedenen Produkte. Wir stellen die Funktionen mit den jeweiligen Preisen gegenüber und die Mitarbeiter kommen dann zu einem klugen Beschluss. Doch so funktioniert es nicht. Vielleicht ist das einer der Gründe, warum so viele Softwareprojekte nur unzureichend die in sie gesetzten Erwartungen erfüllen. Den Kollegen ist die verwendete Technologie, die Verzahnung der Funktionen, ja selbst zu einem gerüttelt Maß die Bedienbarkeit recht egal. Sie vertrauen darauf, dass ihre Experten aus Katalysatoren, IT und Controlling hier sinnvoll einkaufen.
Die Belegschaft will wissen, auf was sie sich einlässt. Was passiert ihnen, wenn die neue Software kommt? Verändert sich ihr Alltag, wenn ja, wie? Nach der Betriebsversammlung erkannten wir, welche Entscheidung sie tatsächlich zu treffen hatten. Jetzt suchten wir nach Anbietern von Gesamtsystemen, und schon bald gab es folgende produktunabhängige Alternativen, die wir zur besseren Lesbarkeit ein wenig verkürzt haben:

	Luxus	Kompromiss	Modular
Erwartung	Der Anbieter bildet alle Fallbeispiele aus seinem Standard heraus ab. Komplett integriertes System mit allen Bausteinen, CRM, ERP, Buchhaltung, Controlling, Personalbuchhaltung, Disposition, Reklamationsverarbeitung etc. Der Anbieter liefert uns proaktiv Lösungen, die er aus anderen Branchen oder von weiteren Kunden bereits kennt. Er schlägt uns vor, wie wir unsere Abläufe darauf abstimmen.	Der Anbieter bildet die Mehrzahl der Fallbeispiele aus seinem Standard heraus ab. Integriertes System mit vielen Bausteinen, CRM, ERP, Buchhaltung, Controlling, Disposition, Reklamationsverarbeitung etc. Der Anbieter liefert Vorschläge für Lösungen, die er von anderen Kunden kennt. Er schlägt uns vor, wie wir unsere Abläufe darauf abstimmen.	Der Anbieter bildet einige Fallbeispiele aus seinem Standard heraus ab. Integriertes System mit den Kern-Bausteinen, CRM, ERP, Disposition, Reklamationsverarbeitung etc. Er schlägt uns vor, wie wir unsere Abläufe verbessern können. Er entwickelt Lösungen speziell für uns. Ansätze von anderen Kunden kommen nur dann zum Tragen, wenn der Anbieter sie in seinen Standard übernimmt.
Rahmenbedingungen	Hohe Lizenz- und Einführungskosten mit entsprechenden dauerhaften Servicekosten.	Mittelmäßige Lizenz- und Einführungskosten mit entsprechenden dauerhaften Servicekosten.	Geringe oder keine Lizenzkosten, nur Einführungskosten mit entsprechenden dauerhaft niedrigen Servicekosten.
Konsequenzen	Aufgrund der großen Aufwände müssen wir das System so schnell wie möglich umfänglich produktiv nutzen. Zugespitzt heißt das, ihr verlasst an einem Freitag euer Büro, das alte Programm und die gewohnten Prozesse. Am Montag ist das Neue installiert und ihr könnt nur noch damit und nach den angepassten Abläufen arbeiten. Egal was passiert.	Aufgrund der geringeren Aufwände können wir mit einem Teilumfang starten. Das heißt, ihr verlasst freitags euer Büro und verabschiedet euch von ausgewählten Prozessen. Am Montag findet ihr eine neue Software vor, allerdings sind bei einigen Dingen nur die Bildschirme anders. Etliche Abläufe werden erst in den kommenden Monaten sukzessiv angepasst.	Wir bilden das bestehende System mit den vorhandenen Prozessen ab. Du gehst freitags nach Hause. Am Montag findest Du neue Bildschirme vor. Wir wählen gezielt die Abläufe aus, die wir von vornherein verändern wollen. Diese Veränderungen passieren gleich von Beginn an. Den Rest ziehen wir sukzessive nach.

Zur Vorbereitung auf die Entscheidung stellten wir in Organsitzungen die Alternativen vor. So wussten alle, welchen Beschluss wir bald von ihnen erwarteten. Inzwischen ging in unserer Gruppe die Suche nach Anbietern weiter. In den ganzen Gesprächen erkannten Max und Gebhard irgendwann: Für die Einführung müssen wir die Prozesse von Heiler beschreiben.

5. Akt – zuerst die Hausaufgaben

Max und Gebhard sitzen mit Stephan zusammen. Es geht um die Softwareintegration. Stephan verdreht die Augen.

Leute, wir müssen hier irgendwann mal zu was kommen. Seit über eineinhalb Jahren wälzen wir das Thema schon durch den Betrieb. Bald kommt die nächste Betriebsversammlung. Ich will den Leuten auch mal sagen, heute entscheiden wir und dann legen wir los.

Gebhard nickt und zuckt zugleich mit den Schultern.

Das verstehen wir. Die Anbieter würden sich sicherlich auch über diesen Schritt freuen. Aber die Firma ist noch nicht so weit. Wir müssen zuerst UNSERE Hausaufgaben machen. Alle Hersteller erfassen in ihren Einstiegsworkshops erst einmal die bestehenden Prozesse. Danach entwickeln sie ein Bild, wie sich die Abläufe mit ihrer Software verändern. Max und ich denken, das sollten wir umgekehrt angehen. Wir beschreiben das erst einmal selbst und sagen den Anbietern an, was wir brauchen.

Max stimmt zu und ergänzt.

Das gibt uns auch die Möglichkeit, mit vielen Leuten jetzt schon zu sprechen. So bekommen sie einen noch besseren Eindruck, was kommt da auf sie zu, was ändert sich, was passt ihnen, was wäre ganz schlecht und so weiter.

Stephan gibt sich geschlagen. Er schaut grinsend zu Gebhard.

Also gut, aber das erklärst du in den nächsten Versammlungen!

So verschob sich die Einführung der neuen Software um weitere Monate. In dieser Zeit saßen Max und Gebhard mit der halben Belegschaft in Einzelterminen zusammen. Sie dokumentierten die Prozesslandschaft der Firma. Das nutzte direkt auf verschiedenen Ebenen.

• Die Mitarbeiter verstehen die Auswirkungen ihrer Arbeit besser. Sie optimieren automatisch unterschiedliche Vorgänge wie etwa die Verwendung von Formularen.

• Die Abstimmung zwischen den Organen fällt leichter, wenn man die Prozesse nebeneinanderlegt.

• Die Kommunikation zu Partnern wie Lieferanten, Großkunden usw. klärt sich, da die eigenen Möglichkeiten transparent sind.

• Wir vervollständigen die Firmen-DNA in der Prozessebene. So fallen Veränderungen leichter, da man direkt im Prozess die Abweichungen diskutieren und dokumentieren kann.

Wir hielten unsere Sehnsucht, sofort mit der Einführung zu starten, zurück. Zuerst galt es, die eigenen Hausaufgaben zu erledigen. Das brauchte Absprachen mit vielen Mitarbeitern. So ist die Belegschaft inzwischen positiv gestimmt. Sie wartet neugierig, bis wir im POI bereit sind, loszulegen. Allen ist bewusst, dass wir die Umsetzung gewissenhaft vornehmen. Sie wissen außerdem, dass sich mehr ändert, als nur der Bildschirm, an dem sie Daten bearbeiten. Nach aktuellem Stand sieht die Zukunft beispielsweise in der Auftragsbearbeitung so aus, dass wir Infos gleich digital erfassen.

Heute arbeiten wir an vielen Stellen im Service noch mit Papierformularen. Mit den Möglichkeiten des neuen Systems wandern große Teile der Auftragserfassung im Prozess nach vorne. Was derzeit die Auftragsabwicklung übernimmt, erledigt dann bereits die technische Beratung direkt mit dem Kunden vor Ort. So gewinnt die Auftragsabwicklung Zeit, sich um Kundenanfragen zu kümmern. Ähnliche Veränderungen, sowohl der Abläufe wie der Arbeitsinhalte, erwartet die Mehrheit der Mitarbeiter. Und sie freuen sich darauf!

Epilog

Glücklicherweise war die Umorganisation schon weitgehend vollzogen, als Urs seinen Wunsch äußerte. So konnten wir viel darüber lernen, wie unsere Organisation strategische Herausforderungen annimmt. Zu jedem Zeitpunkt waren wir konsequent darauf bedacht, nicht wieder in alte Gewohnheiten zurückzufallen. Egal wie verführerisch es für Stephan manchmal gewesen wäre, einfach zu sagen: *Das entscheide ich jetzt so und Punkt!*

Wir haben etwa verstanden, dass Budgets einem sinnvollen strategischen Vorgehen eher im Weg stehen als helfen. Sie lassen einen zu früh in die Umsetzung kommen. Lange bevor alle nötigen Hausaufgaben erledigt sind. Wir bezeichnen unsere Art stattdessen als kluges Wetten.

Stellen Sie sich ein Pferderennen vor. Wenn der Startschuss fällt, liegt es am Jockey, an den Wetterverhältnissen, am Trainingszustand des Pferdes und ein paar weiteren Faktoren. Ändern kann man daran allerdings nichts mehr. Jetzt muss man es durchziehen. Wenige Zeit später kennt man das Resultat.

Doch was passiert vor dem Wettkampf? Tatsächlich ist die Vorbereitung ausschlaggebend. Je gewissenhafter und stimmiger man sie durchführt, umso höher die Chancen, im Rennen das Bestmögliche herauszuholen. Unser Startschuss ist noch gar nicht gefallen. Die Einführung des XRM-Systems steht weiterhin aus. Das wird unser Rennen. Wir stehen nach wie vor im Training für den großen Auftritt.

Das Bild passt auch für das finanzielle Verhalten. Budgets leiten sich aus einem strategischen Plan ab. Dort ist der Ausgang des Wettlaufs bereits festgelegt. In diesem Gestell fällt es schwer, mit Unvorhergesehenem umzugehen. Stellen Sie sich vor, das Pferd wird krank.

Im Planungsszenario ist das eine Katastrophe. Die vorbestimmte Teilnahme am diesjährigen Rennen und damit der ganze Plan ist im Eimer. Man ergreift verzweifelte Maßnahmen, um das Desaster abzuwenden, und spritzt das Tier fit. Als Folge ist es sein restliches Leben behindert. Doch am Wettkampf konnte es teilnehmen. Leider belegte es in seiner Verfassung nur einen der hinteren Ränge.

Unsere Erkrankung war die Schnittstelle. Mit ihr wären wir jetzt schon in der Umsetzung, allerdings mit einem dauerhaft geschwächten Tier. Da uns der strategische Plan fehlte, fiel es uns leicht, das Rennen einfach auszulassen. Die Spritze steht symbolisch für die Ungeduld, die zeitliche Planungen bei Störungen auslösen. Man räumt den Tatsachen keinen Platz ein. Vielmehr schiebt man sie beiseite, um das selbst festgezurrte Ziel einem Naturgesetz gleich zu erreichen.

In diesem Bild wäre es unsere Aufgabe gewesen, den Mitarbeitern das neue System vorzusetzen. Wir hätten sie trainiert und angewiesen, sich gemäß seinen, von uns für sinnvoll befundenen Regeln zu verhalten. Vermutlich mit dem in Kapitel sechs beschriebenen Widerstand. Wir unterhielten uns stattdessen mit ihnen über ihre Prozesse. Wir bezogen sie ein.

Tatsächlich, wurde uns klar, ist das bereits ein Teil des Entscheidungsprozesses. Der Beschluss für die Einführung des XRM fällt bei uns eher nicht auf einer dezidierten Veranstaltung. Er bestimmt sich in vielen kleinen, stets abgestimmten Entscheidungen während der ganzen Vorbereitungszeit.

Im Pferderennsport weiß man zudem, was für ein Gestüt man ist, auf welche Ressourcen man zurückgreifen kann. Das spielt eine wichtige Rolle. So auch bei uns. Manche Pferde würden uns schon gefallen, aber wir können sie einfach nicht bezahlen. Hier zählen wir auf Offenheit gegenüber der Mannschaft. Wir sehen die Qualität in den Angeboten, müssen schlussendlich allerdings die Variante wählen, die unseren Ressourcen entspricht. Das nimmt ebenso Einfluss auf die Entscheidung.

Es hat schlicht keinen Sinn, eine Software einzuführen, die so teuer ist, dass sie von der Firma einen wirtschaftlichen Erfolg verlangt, der nur mit sehr viel glücklichen Zufällen eintritt. Auch diese Themen besprechen wir ganz offen mit der Belegschaft. All das spielt bei Planung eine geringe Rolle. Da bestimmt man das Ergebnis ja gleich mit. Tritt etwas Unvorhersehbares ein, trägt keiner daran die Schuld.

Wir sind überzeugt, bei strategischen Vorhaben passiert immer Unerwartetes. Deshalb ziehen wir hier dem Plan die kluge Wette vor. Sie verlangt von uns

- Risiken früh zu erkennen und darauf zu reagieren,

- alle Beteiligten konstruktiv einzubeziehen,

- gewissenhaft zu trainieren,

- erst anzutreten, wenn wir ausreichend vorbereitet sind,

- noch genug Geld übrig zu haben, um im Rennen auf das eigene Pferd setzen zu können.

Natürlich bleiben Restrisiken. Doch inzwischen stehen alle in den Startlöchern für das neue System. Jetzt dürfen wir nur den Startschuss nicht verpassen.

Das strategische Projekt der XRM-Einführung ist für uns die erste große interne Bewährungsprobe der Führung ohne Führung. Wir lernen praktisch täglich dazu. Manchmal zerreißt es die Firma fast, an den gewählten Paradigmen festzuhalten. Wir erkennen, dass wir mehr machen, als das Bestehende zu verbessern. Wir gehen neue

Wege. Wir erkunden unbekanntes Terrain. Immer wieder finden wir paradiesische Aussichten. Viel Zeit verbringen wir allerdings auch im anstrengenden Dickicht des Unterholzes einer noch weitgehend unentdeckten Insel. Eines gilt hier genauso wie auf ausgetretenen Pfaden: Die Firma muss überleben.

III
LASS
UNS EINFACH
DRAUFLOS-
LAUFEN!

Denn sie wissen, wie sie tun

Stephan

Hand auf's Herz, liebe Leser, gefallen Ihnen unsere Geschichten, unsere Entdeckungen? Trotzdem bleiben da Zweifel, oder? Was passiert, wenn es richtig dick kommt? Halten wir das auch durch, wenn uns die Felle davonschwimmen? Wie reagieren wir, sollte der Betrieb auf der Kippe stehen?

Für uns war es bereits genug, als wir die erste Arbeits-Betriebsversammlung vorbereiteten. Um die Belegschaft aufzuwecken, untersuchten Gebhard und ich die Zahlen des vorangegangenen Jahrzehnts. Wir wussten, Veränderung braucht Dringlichkeit. Wir fanden mehr als erwartet. Hier die zentralen Entdeckungen:

• Seit Jahren war die Umsatzrendite nahe null. Oder anders gesagt, das Unternehmen überlebte, ging allerdings finanziell auf dem Zahnfleisch.

• Die Fluktuation war alarmierend. Für ein Personalwachstum um 29 Mitarbeiter gab es innerhalb von sechs Jahren 72 Einstellungen und 43 Entlassungen. Achtzig Prozent der Kündigungen sprachen wir, die Geschäftsführung, aus.

• Wir waren zwar fähig, deutschlandweit zu liefern, allerdings war alles ein heilloses Durcheinander. Vertriebler deckten andere Gebiete ab als die Aufmesser, und deren Gebiete wiederum unterschieden sich deutlich zu denen der Monteure. Die Mitarbeiter wollten im Rahmen ihres Verständnisses gut zusammenarbeiten. Heraus kam ein wildes Schwarzer Peter-Spiel, das Kraft und Geld kostete.

Wie erklärt sich so eine Liste der Versäumnisse? Waren wir zwar Willige, aber am Ende doch nur Amateure? Gespräche mit anderen Geschäftsführern bestätigten mir genauso wie die Erfahrungen von Gebhard: So herausragend ist die Entwicklung gar nicht. Unser Umsatz wuchs in den ersten gut 20 Jahren jährlich deutlich an. Wachstumsraten von 20, 30 % und mehr waren in dieser Wachstumsphase nichts Außergewöhnliches.

Diese Erfolgsgeschichte beansprucht sehr viel Aufmerksamkeit. Da vernachlässigt man wichtige strukturelle Themen. Bei uns war es die systematisierte Personal- und Produktentwicklung. Gleichzeitig kommt immer wieder gut Geld rein. Das beruhigt auf der finanziellen Seite. Solange es passte, schauten wir nicht so genau hin. Die positive Entwicklung darf eben nur nicht abreißen. Und was, wenn sie doch einmal abreißt?

Heute wissen wir, dass auch unser Wachstumskonzept auf tönernen Füßen stand. Uns fehlte damals etwas Wichtiges in unserem Denken, aber wir wussten noch nicht, was es war. Das fanden wir erst im Zusammenhang mit sich verschärfenden Vertriebsproblemen heraus.

Das soll unsere Verantwortung als Geschäftsführung in dieser Zeit keinesfalls schmälern. Stephan traf alle Entscheidungen als Teil der Geschäftsleitung mit. Tatsächlich verantwortungslos wäre es allerdings, die Dinge zu erkennen und einfach weiterzuwursteln. Sie sehen, für den Start des Veränderungsvorhabens gab es auf jeden Fall ausreichend Dringlichkeit. Heute wissen wir, es war ein Glück, dass wir damals konsequent anfingen, anders zu arbeiten.

Wie in den vorigen Kapiteln beschrieben, waren viele grundlegende Versäumnisse von der Belegschaft etwas mehr als zwei Jahre nach dem Startschuss aufgearbeitet. Neue, an den Marktansprüchen orientierte Produkte standen vor der Einführung. Wir verbesserten schrittweise unseren Einstellungsprozess. Die Kollegen erweiterten ihre Kompetenzen. Es begann das Reporting an die Mitarbeiter. Genau das erschreckte aber viele. Denn die Anstrengungen zeigten scheinbar keinerlei Verbesserung. Zumindest die Umsatzrendite blieb weiterhin niedrig. Was war da los?

Systemversagen

Stephan

Es war zum Mäusemelken. Viele klotzten richtig ran. Das Tagesgeschäft lief ja ganz normal weiter. Die Veränderungen machten wir on top. Trotzdem änderte sich kaum etwas am Ergebnis. Da erkannte ich: Das Vorhaben hat so schnell kein Ende. Vielleicht nie. Also wieder rein in die Analysen.

Selbstverständlich verloren wir in dieser Phase auch Mitarbeiter. Meine Frage war, geht es hier um die sprichwörtlich Besten, die zuerst gehen? Einige sahen das so. Es begann mit zwei der jungen Leistungsträger aus dem Wersauer Kreis. Wir ersetzten ja die Führungskräfte nicht mehr, die gingen. Da war ihnen schnell klar, hier machen wir keine klassische Karriere. Also verließen sie uns.

Damit nicht genug. Von damals elf Vertrieblern gibt es heute noch drei. Aus Umfragen bei Kunden erfuhren wir: Die sind eher an technischer Unterstützung interessiert als an Kaffee trinkenden Networkern.

Unsere neue Organisation unterstützt diesen Wunsch. Sie verlangt funktionsübergreifendes Arbeiten. Für die Außendienstler heißt das beispielsweise, die Auftragsabwicklung mit Vorabangeboten zu entlasten, Aufmaße und technische Beratungen selbst zu übernehmen oder einem Monteur bei der Montage zu helfen. Damit kommt nicht jeder klar.

Den Anfang machte hier der Verkäufer mit dem höchsten Umsatz. Verlor die Firma dadurch Kunden und Erträge? Sicherlich, jedoch weit weniger, als die meisten das erwartet hatten. Und wir fanden in der ganzen Zeit qualifizierte neue Kollegen, die wegen der veränderten Organisation kamen. Positiv stimmte mich damals, dass jetzt mehr von sich aus gingen, als dass wir sie kündigen mussten. Der Verlust von Verkaufsmitarbeitern erklärt einen Teil des Umsatzrückgangs. Den sollten die erreichten Verbesserungen allerdings locker ausgleichen. Also was noch? Wir schauten über den Tellerrand in die Marktentwicklung.

Die Analysen dort zeigten das Problem. Der Gesamtmarkt hatte aufgehört zu wachsen. Trotzdem schießen weiterhin Wettbewerber aus dem Boden. Der Preisdruck kommt von globalen Konkurrenten. Unsere Probleme waren keineswegs alle hausgemacht.

> > > > >

Es verschärfte sich, als unser Hauptlieferant für Glas, eine Schwesterfirma, insolvent ging. Ehemalige Mitarbeiter, die sich mit einem vergleichbaren Angebot selbstständig gemacht hatten, nutzten das, um Gerüchte zu streuen: Heiler kann keine Löhne mehr bezahlen. Oder: Die Firma ist schon bald genauso pleite. Das hilft einem keinesfalls, um in ruhigeres Fahrwasser zu kommen.

Das augenscheinliche Ende für das Veränderungsvorhaben kam mit der Verkaufsinnovation eines Großhändlers. Um seine Wirkungskraft zu erkennen, hilft es, den Vertrieb von Heiler als mittelständischem Hersteller zu verstehen.

Mit dem überregionalen Wachstum veränderte sich die Kundenstruktur der Firma. Seither lieferte man fast ausschließlich an gewerbliche Kunden. Etwa an Installateure oder Badstudios. Die ihrerseits bedienen den Endkunden. Von Heiler aus ist der private Haushalt also die zweite Vertriebsstufe. Andere Fertiger liefern an den Großhandel, der verkauft dann an die Betriebe mit den Privatkunden. Sie haben demnach drei Vertriebsebenen. Eine Spielregel des Marktes war, dass Großhändler nicht direkt verkaufen. Sie kennen das vielleicht, wenn Sie schon einmal in einer Badausstellung waren. Das Personal hilft ihnen zwar weiter. Spätestens wenn Sie kaufen wollen, kommt jedoch die Frage: *Mit welchem Installateur arbeiten Sie zusammen? Wie ist Ihre Kommissionsnummer?* Haben Sie keine, gehen Sie mit leeren Händen nach Hause.

2016 fiel genau dieses Marktgesetz. Ein Großhändler hatte ein Geschäftsmodell mit mehreren ausführenden Betrieben installiert, das ihm den Direktverkauf ermöglicht. Dazu bietet er die Umset-

SPIELREGELN BIS 2017

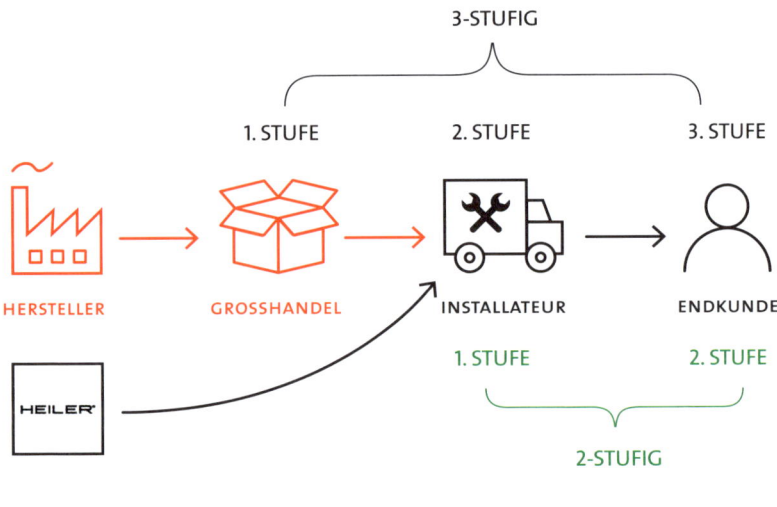

SPIELREGELN SEIT 2017

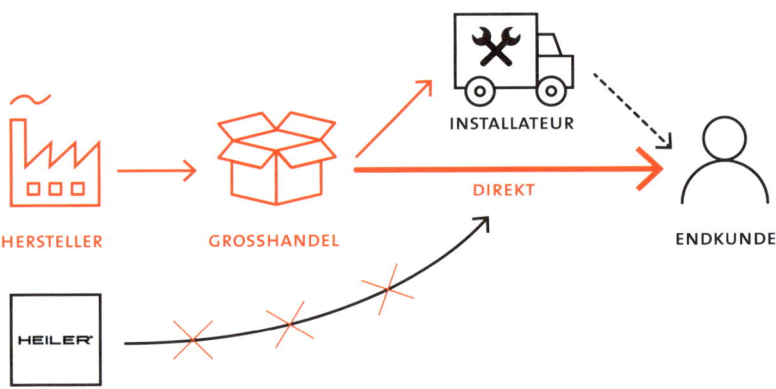

zung mit meist kleinen Installationsbetrieben als Serviceleistung an. Über eine Software koordiniert er die Einbautermine und vertreibt so Komplettbäder direkt an Privathaushalte. Wie wirkt sich das auf Heiler aus? Nun, bisher empfahlen die Fachbetriebe ihren

Kunden unsere Produkte, wenn es Sinn hatte. Jetzt kommt der Käufer mit einem fertigen Auftrag zum Installateur. Der führt nur noch aus. Wir sind außen vor.

OFFENBARUNGSEID

Warum war diese Neuigkeit verheerend für Heiler? Hier die wichtigsten Gründe:

• Der Markt ist bereits mit einem geeigneten Geschäftsmodell zunehmend schwierig. Jetzt stellt sich die Frage, ob das Unternehmenskonzept von Heiler generell noch passt.

• Die Gefährdung verlangt zeitgleich Antworten auf vielen Ebenen.

  • Was ist unser Marktsegment, unsere Nische?

  • (Wie) Ist unser Angebot in diesem Segment konkurrenzfähig?

  • Gibt es Konflikte mit den bestehenden Kundenbeziehungen? Wenn ja, wie gehen wir damit um?

  • Mit was für einem Preissystem arbeiten wir?

  • Welche Kunden tragen uns?

  • ...

• Es gibt kaum Zeit, den „richtigen" Weg zu finden und die Strukturen der Firma daraufhin anzupassen.

Anders gesagt, Heiler war mitten in einer anspruchsvollen Veränderungsphase, und dann erschwerte der Markt den Weg noch einmal um Größenordnungen. Eines wurde uns mehr als deutlich: Der Großhändler hatte seine Hausaufgaben gemacht. Respekt! Bevor wir einen Ausweg fanden, reagierten wir zuerst mit Panik.

. . . .

Stephan und Gebhard sitzen wieder zusammen. Alle Recherchen kommen zum selben Ergebnis. Die Firma strengt sich an. Dennoch ist völlig unklar, ob das bei den aktuellen Marktveränderungen reicht. Stephan schaut den Berater direkt an.

Ich glaube, der einzige Weg ist, wir legen eine Pause in der Veränderung ein. Zuerst muss die Krise überwunden sein.

Gebhard hält dem Blick stand.

Was heißt das genau?

Stephan seufzt. Er zuckt mit den Schultern.

Die ganzen Themen, Kompetenzerweiterung, Rollenstruktur, Kommunikations- und Entscheidungs-Design und so weiter. Uns fehlt die Zeit, ich muss dafür sorgen, dass der Laden läuft.

Gebhard bohrt weiter.

Und wie fängst du das an?

Stephan steht langsam auf und beginnt, im Büro hin und her zu laufen.

Ich hab keine Ahnung. Aber ich weiß, irgendwas muss passieren!

. . . .

Die Panik prägte das zweite Halbjahr mit Aktionismus. Wir versuchten, der Lage mit Kommunikationskonzepten beizukommen. Schon die Grafiken von oben legen nahe, dass Heiler ebenfalls direkt auf den Endkunden zugehen sollte. Also prüften wir Wege, die privaten Haushalte anzusprechen. Anzeigen auf Branchenseiten, Postwurfsendungen, sogar den Entwurf für eine Marketingkampagne gaben wir in Auftrag. Das alles war äußerst kritisch, denn wir durften auch keine weiteren Verluste der Kunden aus der zweiten Vertriebsstufe (Zweistufler) riskieren. Denen, so dachten wir, kann es kaum gefallen, sollte Heiler wieder systematisiert anfangen, direkt zu verkaufen.

Glücklicherweise hielten wir in den Grundsätzen der Veränderung weiterhin Kurs. Wir verschoben allerdings die Dringlichkeiten. Wir läuteten die Alarmglocken. Wir klärten die Belegschaft noch intensiver über die aktuellen Gegebenheiten auf. Wir spielten mit absolut offenen Karten. Und wir prüften unsere Aktionen im Sinne des Ist-Ist-Feedbacks aus dem neunten Kapitel. In diesem Verständnis spekulierten wir auch nicht über die Haltung der bestehenden Kunden, wir fragten sie.

· · · · · · ·

Stephan sitzt mit dem Geschäftsführer eines der wichtigsten Wiederverkäufer von Heiler zusammen. Sie besprechen die Marktlage und wie aktuell die Zusammenarbeit klappt. Sie sind sich weitgehend über die Entwicklungen einig. Dann kommt er auf den für ihn entscheidenden Punkt.

Wie Sie wissen, legen wir sehr viel Wert auf eine gute Partnerschaft mit den Handwerksbetrieben. So finden Sie beispielsweise keine Preise zu unseren Produkten im Internet. Wir unterstützen Ihre Hausmessen. Aus Verbrauchermessen haben wir uns zurückgezogen. Die aktuellen Umstände verlangen von uns allerdings ein Umdenken. Wir sehen uns nicht mehr in der Lage, das Interesse von privaten Endkunden abzulehnen. Bekommen wir dadurch Probleme?

Sein Gegenüber schaut ihn einen Augenblick ernst an, dann lacht er auf.

Herr Heiler, wir haben die Auftragsbücher voll. Wir bauen neue, komplette Bäder. Ich finde Ihre Produkte und Ihren Rundum-Service toll. Aber Sie installieren NUR die Duschabtrennung. Ich verstehe nicht, wie Sie ohne Direktverkauf überleben wollen. Das geht doch gar nicht. Außerdem machen Sie ja auch viel im Bestand. Sie erneuern ja teilweise nicht nur die Duschabtrennung, sondern verbauen Glas auch im Innenausbau. Dazu kommen wir aktuell gar nicht mehr. Nein, wir bekommen keine Probleme – solange Sie uns nicht vergessen und weiterhin gut bedienen!

Intuitiv richtig

Stephan fiel ein Stein vom Herzen. Sicherlich gab es diese überschwänglich positive Reaktion eher selten. Dennoch verstehen die Wiederverkäufer sehr gut, dass Heiler direkte Geschäfte braucht, um ein stabiler und zuverlässiger Geschäftspartner zu bleiben.

Heute zeigen auch die Analysen, dass die zweistufigen Kunden den besseren Service der Firma mit mehr verantwortlich handelnden Ansprechpartnern schätzen. Die Zahlen in diesem Kundensegment stabilisieren sich. So erfreulich das Feedback der Bestandskunden war, so sehr ernüchterten die Aktionen in Richtung Privathaushalt. Aus den Anzeigen in den Printmedien ergab sich nichts Zählbares. Postwurfsendungen verwarfen wir, als uns ein Firmenbetreuer die Rückläuferzahlen offenlegte. Die Agenturen rieten uns von Marketingkampagnen an Endkunden ab. Zu viel Aufwand für zu wenig Ertrag.

Auch der Wiedereinstieg in Verbrauchermessen war eher holprig. Die Verkäufe daraus deckten kaum die Kosten. Die Stimmung im Betrieb verschlechterte sich rapide. Selbst die überzeugtesten Unterstützer der Veränderung begannen zu zweifeln. Die Sehnsucht

nach einem Führer, der klar ansagt, wo's langgeht, und die Verantwortung übernimmt, war greifbar. Unser Wunschdenken scheiterte
auf zu vielen Ebenen. Irgendwann kam es zu der notwendigen Aus-
sprache.

. . . .

Gebhard und Stephan sitzen im Besprechungsraum. Sie blicken
auf das Dach des angrenzenden Firmengebäudes. Beide sind er-
schöpft. Es will einfach nichts gelingen. Der Geschäftsführer zuckt
mit den Schultern.

*Schau mal, wir sind weit gekommen. Aber es ist doch so. Ich hab viel
mehr Überblick als alle anderen. Wir zwei reden ständig über gute
Lösungen für das Unternehmen, dann beziehen wir die Mitarbeiter
mit ein. Bis die begreifen, um was es geht, läuft uns die Zeit davon.
Am Ende kommen sie oft auf ähnliche Ergebnisse wie wir. Ich bin
auch überzeugt, dass es, wenn's soweit stimmt, so der bessere Weg
ist. Im Moment fühle ich mich aber zu oft ohnmächtig, weil ich mir
die ganzen fragenden Gesichter anschauen muss, obwohl ich anderes zu tun hätte.*

Gebhard schweigt. Entweder fehlen ihm die Gegenargumente
oder es sind immer dieselben. Als die Stille im Raum zu schwer
wird, fragt Stephan.

*Warum bist du so überzeugt, dass es klappt? Woher kommt diese
Gewissheit? Ich gehe da ja eher vom Bauch her ran, aber du durch-
denkst das schon seit Jahren. Mein Gefühl sagt, wir sind mit unserem Latein am Ende. Was sagt dein Kopf?*

Eine weitere kleine Ewigkeit schweigt der Berater, dann schaut er
auf.

*Es geht darum, wie wir uns die Welt erklären. Auf Grundlage wel-
cher Modelle leben wir? In meinem Denken ist die formalisierte*

Führung der Ursprung unserer Probleme. Menschen, die im Sinne ihrer Gemeinschaft und in ihrem persönlichen Sinn Verantwortung übernehmen, schaffen eine Gesellschaft, in der viel von dem aktuellen Schwachsinn gar nicht entsteht. Ich bin mir sicher, wir finden für alles eine Lösung, ohne dass es einen festgelegten Führer geben muss, der weiß, wo's langgeht. Mir fehlt augenblicklich nur die Zeit, um mit dem Betrieb und dir einen passenden Weg zu entwickeln. Daran scheitere ich.

Das Schweigen kehrt zurück. Beide hängen ihren Gedanken nach. Schließlich fragt Stephan.

Was meinst du genau mit den Modellen?

. . . .

An diesem Nachmittag entdeckten wir den letzten zentralen Baustein der Betriebskatalyse: die grundlegenden Denkmodelle. Vielleicht brauchte es so lange, weil er unterbewusst immer da war. Bei Stephan eher intuitiv. Bei Gebhard aufgrund der jahrelangen Auseinandersetzung mit den Themen außerhalb seiner direkten Wahrnehmung. Wir erkannten, dass sie darüber entschieden, ob etwas zu unserem Weltbild passt.

Ein Mitarbeiter, der an einem Ausbildungsworkshop als Katalysator teilnahm, brachte es auf den Punkt: *Mit Konzepten, Methoden und Werkzeugen erreicht man Ziele. Die grundlegenden Denkmodelle machen einem klar, ob es die richtigen oder die falschen sind.*

Das gab uns frischen Mut, den Weg weiterzugehen. Wir machten uns bewusst, auf Basis welcher Denkarten wir unser Handeln bewerteten. So kamen wir auf eine sich entwickelnde Liste von Grundkonzepten, die uns leiten. Wobei wir wissen, dass uns vor allem Kernaussagen dabei helfen, unsere neue Arbeitswelt zu verstehen. Dies sind die aktuell fünf grundlegenden Denkmodelle, die uns heute Halt geben:

Erstes Denkmodell: Aufklärung — Was trauen wir Menschen zu?

In unserem Verständnis verschreibt sich die Aufklärung dem vernünftigen Fortschritt. Aus ihr leiten sich Modelle wie Humanismus, die gelehrte Gesellschaft, das Völkerrecht, die parlamentarische Gesetzgebung oder die Gewaltenteilung ab. Den für uns wichtigsten Satz prägte Immanuel Kant[24]: *Habe Mut, dich deines eigenen Verstandes zu bedienen!* Er erkennt nicht nur die Mündigkeit[25] an, er fordert uns alle dazu auf.

Für uns, Stephan und Gebhard, ist es die ausschlaggebende Begründung, Eigenverantwortung überhaupt verlangen zu können. Die Aufklärung steht zudem als Konzept gegen die bis dahin geltenden Herrschaftsstrukturen der formalisierten Obrigkeit, sei es der Adel oder die Kirche. Die sich oft allein aufgrund von Dokumenten selbst Weisungsbefugnis zuschrieben und damit natürliche Autorität unterlaufen. Sie erhalten zentralisierte Macht weit über ihr Verfallsdatum hinaus.

Wir sehen in Unternehmen oft feudale, absolutistische, ja sogar autokratische Verhältnisse. Wir finden in den Ideen der Aufklärung viele Hinweise, warum eine Alternative dazu nicht nur nötig, sondern vor allem auch möglich ist. Wir verstehen immer weniger, wie sich eine Gesellschaft für ihre demokratische Grundordnung rühmen kann und zeitgleich eine entmündigende Planwirtschaft und den machtzentrierten Personenkult in seinen Unternehmen zelebriert.

---

24   *Immanuel Kant; https://de.wikipedia.org/wiki/Immanuel_Kant*

25   *Mündigkeit; https://de.wikipedia.org/wiki/M%C3%BCndigkeit_(Philosophie)*

Zweites Denkmodell: Existenzanalyse – Was fordern wir von den Menschen

Im achten Kapitel beschreiben wir ausführlich die Sinnkopplung. Wir sind überzeugt, dass jeder Mitarbeiter einen eigenen Sinn darin sehen sollte, für die Firma zu arbeiten. Wir wollen sein Urteil natürlich positiv beeinflussen. Die Entscheidung, ob er an-, aus- oder entkoppelt, trifft nur er selbst. Diese Sicht auf das seelische Verhältnis zwischen Person und Betrieb fußt auf den Erkenntnissen von Viktor Frankl[26]. Er versteht das Leben als die Frage: *Will ich so sein?* In der Antwort schreibt er uns Menschen die Fähigkeit zu, *immer auch anders werden zu können*.

Aufbauend auf Kants Aufforderung, den Mut zu haben, sich des eigenen Verstandes zu bedienen, zeigt uns Frankl, wer für die Konsequenzen daraus verantwortlich ist: jede/r Einzelne für sich selbst. Das ändert sich freilich genau in dem Moment, in dem jemand ein Papier verfasst, auf dem steht, wie er ab jetzt für andere die Rechenschaft übernimmt. Damit geht einher, dass er von den entmündigten Mitarbeitern auch keine Eigenverantwortung mehr fordern kann. Vermutlich passiert das sogar, sobald einer aufgrund seines Verhaltens den übrigen ihre Verantwortung abnimmt.

Das halten wir allerdings für einen üblichen Zustand, der sich ganz natürlich auflöst, wenn die „Geführten" mit der Führung unzufrieden sind. Wir erinnern uns an eine Situation, die das verdeutlicht.

· · · · · · ·

Das gesamte Markt-Organ ist heute zusammengekommen. Es geht um den neuen Mitarbeiter im Service. Urs hatte ihn aktiv angeworben. Auf dem Papier war es ein idealer Kandidat gewe-

---

26   Viktor Frankl; https://de.wikipedia.org/wiki/Viktor_Frankl

sen. Glasermeister aus einer Unternehmerfamilie. Er hatte bereits praktische Erfahrung im Aufmaß und der Montage von verschiedenen Glasanlagen. Vor der Einstellung hatte sich Urs intensiv mit Gebhard und Stephan dazu besprochen.

Offensichtlich war ihm die Rücksprache im Team weniger wichtig als die Meinung der Katalysatoren. Sie hatten ihm bestätigt: Klingt alles sinnvoll. Doch sie hatten ihn auch darauf hingewiesen: Aber sprich es mit deinen Kolleginnen und Kollegen ab. Um das heutige Treffen hatte Ernst gebeten. Der Neue war mit ihm zusammen im Einsatz gewesen. Gebhard moderiert und erklärt gerade den Grund für die Sitzung.

Zum einen geht es um den neuen Kollegen und die Frage, was sagt ihr ihm im ersten Feedbackgespräch, das bald ansteht. Außerdem sprechen wir über das Vorgehen von Urs, und wie es überhaupt zur Einstellung kam. Vor dem Termin sprach Ernst mich darauf an. Und er will zum Einstieg seinen Standpunkt loswerden.

Ernst reibt die Hände. Er kann den Blick nicht heben und direkt in die Runde schauen. Dann räuspert er sich.

Ja, wie fang ich an. Ich hab zwei Erlebnisse mit dem Neuen gehabt, die gehen gar nicht. Bevor ich dazu was sage, muss ich aber erst was anderes ansprechen. Urs, du drückst hier die Anstellung von einem neuen Kollegen einfach so durch, weil du ihn für gut hältst. Du sicherst dich bei Stephan und Gebhard ab und gehst davon aus, dass wir das dann schon schlucken. So geht es aber nicht. Du musst mit uns reden! Die Meinungen von Stephan und Gebhard sind völlig egal. Was wir denken, ist entscheidend. So wie du es gemacht hast, verlierst du mein Vertrauen. Ich mag dich, und ich weiß, du machst das, weil du es für richtig hältst. Diesmal bist du über's Ziel hinausgeschossen. Da hast du dir und uns ein Ei gelegt.

· · · · · · ·

Die Sitzung dauerte schlussendlich über zweieinhalb Stunden. Urs entschuldigte sich für sein (Führungs-)Verhalten. Der neue Mitarbeiter musste noch in der Probezeit gehen, nachdem er sich weitere Ausfälle leistete. Urs ist nach wie vor engagiert dabei.

Drittes Denkmodell: Leben bejahen – Wie arbeiten wir zusammen?

Zugegeben, die Aufklärung ist eher abstrakt, geht es konkret ums Zusammensein. Hier wurden wir bei Uwe Renald Müller[27] fündig. Er beschreibt in seinem Buch verschiedene Gesellschaftstypen. Sie gehen aus einem Vergleichsschema des Soziologen und Psychologen Erich Fromm[28] hervor. Der erkannte in Studien von unterschiedlichen Völkern drei Systemtypen des Zusammenlebens: Typ A – kooperativ und lebensbejahend, Typ B – aggressiv, nicht destruktiv und Typ C – aggressiv, destruktiv. Zwischen den Typen B und C sieht Fromm eine Verwandtschaft. Der Typ A grenzt sich davon ab. Für uns war ausschlaggebend, dass alle Arten tatsächlich existierten. Zum besseren Verständnis stellen wir hier die Typen A und B einmal nebeneinander. Von der Darstellung im Buch von Müller abweichend, erklären wir die Elemente teilweise mit unternehmerischen Begriffen und Zusammenhängen.

27   Uwe Renald Müller. 1997. Machtwechsel im Management. Haufe Verlagsgruppe Sachbuch

28   Erich Fromm; https://de.wikipedia.org/wiki/Erich_Fromm

	Systemtyp A	**Systemtyp B**
Allge-mein	systemisch, kooperativ, human	Hierarchisch geordnet, Rivalität zwischen den Angestellten mit Rangkämpfen, mechanische Abläufe
Leitfigur	partnerschaftlich, sozial	von autoritär bis autokratisch
Ziel und Zweck	Existenzerhalt der Organisation und ihrer Mitglieder; monetäre Ziele sind Mittel zum Zweck des Systemerhalts Regeln statt Prinzipien	Vorwiegend monetär orientierte Ziele; Existenzsicherung des Systems ist ein sekundäres Ziel; im Extremfall wird der monetäre Erfolg zum Machtgewinn und zur -erhaltung gebraucht.
Regeln	Solidarität bezüglich des Ziels und des Zwecks der Gesellschaft; Achtung der Menschenrechte; Einsicht in die Natur des Menschen; systemübergreifende Nachhaltigkeit	Kollektivistische Regeln, Gehorsam gegenüber den Anweisungen der Hierarchie
Strafen	Bei Verstoß gegen Werte wie Solidarität, Loyalität, Menschlichkeit und bei Schädigung des übergeordneten Ökosystems	Bei Verweigerung der Systemkonformität subtile psychische Aggression (Mobbing), Isolation (Wegbefördern) oder Systemausschluss (Kündigung)
Konkurrenten / Feinde	Duale Sichtweise, sowohl Partner als auch Konkurrent (in einem fairen Wettbewerb)	Jeder, der nicht Teil oder Partner des Systems ist und die SystemteilnehmerInnen untereinander mit Blick auf Karriere, Anerkennung, Leistung etc.
Riten / Symbole	Dienen der Stabilität von sozialen Vernetzungen; schwach ausgeprägt; ständigen Veränderungen unterworfen; nur mit temporärer Gültigkeit	Gehorsamsgesten (freiwillige (Pflicht-)Teilnahme an der alljährlichen Betriebsweihnachtsfeier), Unterwerfungsriten (Arbeitsvertrag), manipulatorische Elemente (jährliche Leistungsbeurteilung)
Bin-dungs-mecha-nismus	Kopplung durch gemeinsame Sinnerfüllung, sowohl der Gesellschaft wie auch des persönlichen Sinns. Damit zusammenhängend die Entkopplung der monetären oder materiellen Abhängigkeit vom System (Entlassung der Mitarbeiter in eine selbst gewählte, freiwillige Mitarbeit).	materielle Abhängigkeit, zuerst über das Gehalt, darüber hinaus über Vergünstigungen wie Firmenhandy, -wagen, -kredite, Boniregelungen bei Akkord oder Zielvereinbarungen
Slogan	Arbeit ist Spiel	Leben ist Arbeit

Zugegeben, wir haben Systemtyp A bei Heiler noch nicht stabil und auch nur unvollständig umgesetzt. Doch wir streben danach. Es ist wie mit einem Kompass. Selbst wenn man den Nordpol nicht ständig sieht, gibt er von überall die Richtung an. Gerade in Krisensituationen neigen wir dazu, vom Weg abzuweichen. Das Grundkonzept von Fromm hilft uns dabei, wieder auf die richtige Spur zu kommen.

Viertes Denkmodell: Überleben – Wie sichern wir die Existenz in einer unvorhersehbaren Welt?

Erinnern Sie sich an das Ist-Ist-Feedback und den Vergleich zur Pferdewette aus Kapitel neun? Haben Sie den Einstellungsprozess noch im Kopf, in dem wir die Kandidaten an den Probetagen bewusst fordern? Merkten Sie sich, dass wir den Plan aus dem Strategieprozess nehmen, um keine Scheinsicherheit aufkommen zu lassen? All diese Praktiken gehen auf Theorien von Nassim Nicholas Taleb[29] zurück. Die eine beschreibt er in seinem Buch „Der schwarze Schwan[30]", die andere in „Antifragilität[31]".

Das erste Buch behandelt zufällige, unvorhersehbare Ereignisse, die einen erheblichen Einfluss auf unser Leben (Arbeiten) haben. Zur Erläuterung unterscheidet er die zwei Länder Mediokristan und Extremistan. In Mediokristan bestimmt Normalität im Sinne von Vergleichbarkeit das Geschehen. Die Einwohner prognostizieren

29 Nassim Nicholas Taleb; https://de.wikipedia.org/wiki/Nassim_Nicholas_Taleb

30 Nassim Nicholas Taleb. 2015. Der Schwarze Schwan: Die Macht höchst unwahrscheinlicher Ereignisse. Albrecht Knaus Verlag

31 Nassim Nicholas Taleb. 2014. Antifragilität: Anleitung für eine Welt, die wir nicht verstehen. btb Verlag

ihre Zukunft auf Basis der Vergangenheit und anhand von Durchschnittswerten. So planen sie auch ihr Dasein.

Taleb beschreibt das im Bild eines Truthahns, der tagtäglich von seinem Besitzer gefüttert wird. In über 800 Tagen seines Lebens wacht er morgens auf und findet bereits sein Fressen vor. Er muss sich nicht trainieren, er braucht keine weiten Wege zurückzulegen. Er sitzt den ganzen Tag rum. Hat er Hunger, frisst er. So ist das Leben und Arbeiten in Mediokristan. Dann kommt Tag 1.001 „Thanksgiving!" Das Erntedankfest steht bei Taleb in dieser Truthahn-Metapher für Extremistan. Selbst wenn der Vogel zwei Tage vorher mitbekäme, was das Fest für ihn bedeutet: Er wäre längst zu fett und träge, um dem Schicksal zu entgehen. Er weiß natürlich auch nicht, dass die Menschen schon am Tag seiner Geburt um seine Bestimmung wussten. Er ist tödlich überrascht.
Wir sind überzeugt, hätten wir nicht bereits vor vier Jahren mit dem breiten Training der Sicht auf die Firma begonnen, Sie könnten das Buch jetzt nicht lesen. Ohne die Aufforderung an alle Mitarbeiter, die Firma Heiler stets zu hinterfragen, hätte es der Betrieb angesichts seiner Krisen wohl nicht geschafft. Dann würde schlicht das Fallbeispiel fehlen, über das wir hier schreiben.

Mehr als alles andere entwickelten wir mit der Einbeziehung der Menschen in strukturelle wie strategische Entscheidungen die Wahrnehmung des Unternehmens an sich weiter. Mit dem Vermeiden von falschen Sicherheiten wie der Zielplanung sehen alle Mitarbeiter, wie die Welt tatsächlich ist. Sie können jetzt reflektiert vernünftige Entscheidungen in ihrem Alltag treffen. Auf die Rücksprache mit einem Vorgesetzten können sie so verzichten.

Verstehen Sie uns bitte richtig. Wir haben längst nicht alle Probleme gelöst. Vielleicht geht das auch gar nicht. Aber, wie auch die aktuellen Zahlen zeigen, sind wir auf dem richtigen Weg.

FÜNFTES DENKMODELL: STRESSREDUKTION

Zur Stabilität der aktuellen Situation tragen auch Talebs Vorschläge rund um Antifragilität bei. Wir grenzen den Begriff von den aktuellen Buzzwörtern Robustheit und Resilienz ab. Robustheit beschreibt die Härte eines Systems, bevor es bricht. Stellen Sie sich einen LKW vor, der gegen eine Betonwand fährt. Je nach Beschaffenheit, etwa Geschwindigkeit oder Mauerdicke, ist das eine System robuster als das andere. Mit dem Begriff robust verbinden wir auch die Eigenschaft des schwächeren Systems, dauerhaft kaputtzugehen.

Davon unterscheidet sich Resilienz. Dieser Begriff beschreibt die Zeitdauer, die ein System im Anschluss an einen Kollaps benötigt, um wieder stabil zu funktionieren. Hier bietet sich die Börse zur Veranschaulichung an. Wie lange knabberte die Weltwirtschaft am Schwarzen Freitag von 1929 oder an den verheerenden Ereignissen nach der Lehman Pleite? In diesem Vergleich zeigt sich das Wirtschaftssystem heute deutlich resilienter als vor knapp einhundert Jahren.

Bei Antifragilität geht es um mehr. Taleb leitet sie von einer Entdeckung aus der Medizin ab. Dort stellten Ärzte fest, dass Schienbeine von Profifußballern, die seit ihrer Kindheit auf dem Bolzplatz spielen, dichter sind als normale Unterschenkelknochen. Allerdings hat der Knochen keine seiner weiteren Eigenschaften wie Elastizität etc. eingebüßt. Wenn man so möchte, ist er einfach besser als normale Schienbeinknochen.

Das Phänomen heißt Wolff'sches Gesetz[32]. Es entsteht durch unzählige Mikrobrüche (Überlastungen), die Gelegenheit hatten, auszuheilen. Taleb leitet daraus ab, dass natürliche Systeme im Wechsel von Überforderung (Stress) und anschließenden Erholungsphasen

---

32   https://de.wikipedia.org/wiki/Wolffsches_Gesetz

mit zunehmend steigender Belastung umgehen können. Das hat Grenzen. Dennoch legt er nahe, dass in unseren Organisationen weit mehr Leistungsfähigkeit schlummert, als ein formal hierarchisches Leistungskorsett je freisetzt.

Wie eine solche Entlastung für ein System ohne festgelegte Führungsstruktur in einem absoluten Stressmoment aussieht, erlebten wir mitten in der Krise, kurz vor Weihnachten.

· · · · · · ·

Die Stimmung ist am Tiefpunkt. Nichts läuft zusammen. Zum Umsatzeinbruch gesellen sich seit Wochen Qualitätsprobleme bei den Glaslieferanten hinzu. Jetzt schwächelt auch noch die Beschlagsproduktion. Wir entdeckten eine ganze Charge von Scharnierkartons, in denen nur ein Stück im Karton liegt, statt der zwei, wie es auf dem Etikett steht. Das freut den Monteur, wenn er auf der Baustelle ist. Und das alles im Weihnachtsgeschäft. Die Nerven liegen blank. Regelmäßig schreien sich Kollegen am Telefon an. Schuldzuweisungen gehen von Organ zu Organ, von Mitarbeiter zu Mitarbeiter. Stephan und Gebhard sind sich sicher: Zurzeit wollen die meisten Leute hinschmeißen, statt sich weiter für die Firma ins Zeug zu legen.
Wir vereinbaren Organsitzungen, um die aktuellen Probleme zu besprechen. Überall dieselben Vorwürfe: *Wir sind hier von Vollidioten umgeben, wenn die anderen ihren Job endlich mal richtig machten, dann ...* Im Gespräch mit dem Markt-Organ fällt Gebhard ein Muster auf. Er greift zum Firmen-DNA Schaubild.
Sophia, du hast gerade gesagt, dass die Vollpfosten im Versand unfähig sind, die korrekte Anzahl an Scharnieren einzupacken. Deshalb stehen die Monteure auf der Baustelle und können nicht einbauen, stimmt das?

Sophia nickt erbost. Gebhard fährt fort:

Also, du sagst, es gibt ein Problem auf der Prozessebene?

Urs ruft dazwischen:

Oder auf der Verstandesebene in der Werkstatt und im Einkauf. Ich meine, wie viele Gläser sind denn aktuell nicht verbaubar? Wer bestellt denn den Mist?

Etliche nicken zustimmend mit einem bissigen Lächeln. Gebhard greift den Faden auf:

Du meinst, den Leuten im Produkt-Organ ist eure Lage egal?

Erneut bejahen die Köpfe in der Runde die Aussage. Urs schreit schon fast:

OFFENSICHTLICH!

Gebhard steht ruhig auf.

Jetzt verstehe ich, was hier passiert. Wir zeigen euch die Zahlen. Ihr seht, dass es schlecht aussieht. Ihr müsst Verkaufserfolge erzielen …

Die Aufmerksamkeit geht auf ihn, alle hören gespannt zu.

Passt mal auf. Derzeit schwächeln die Glaslieferanten durch die Bank. Auch die haben Weihnachtsgeschäft. Es kommt zu Zahlendrehern. Die Kanten der Scheiben leiden beim Transport, weil es schnell, schnell gehen muss usw. Eure Kollegen im Einkauf und im Wareneingang fangen ab, was sie können. Außerdem gibt es gerade wenig Bestellungen. Dann passiert noch die Geschichte mit den Beschlägen. Hier sortieren die Leute aus der Werkstatt derzeit die Charge neu. Der Druck ist da, ganz ohne Frage, den kann auch keiner wegnehmen, aber er kommt fast samt und sonders von außen.

Er pausiert kurz, um zu sehen, ob weiterhin alle zuhören.

Und was ist eure Reaktion? Anstatt zusammenzustehen und ihn ge-
meinsam auszuhalten, schreit ihr euch gegenseitig an und macht
euch mit internen Schuldzuweisungen fertig. Ihr könntet darauf
vertrauen, dass hier jeder bemüht ist, einen guten Job zu machen.
Ihr seid allerdings so damit beschäftigt, euch untereinander zu zer-
fleischen, dass ihr darüber die Firma vergesst.

· · · · · · ·

Die Erkenntnis, dass hier Druck von außen offensichtlich überstei-
gerte interne Schuldzuweisungen verursachte, teilten Stephan und
Gebhard so schnell wie möglich mit allen Mitarbeitern. Und die veränderten ihr Verhalten. Der Umgangston wurde wieder normal. Wir
hielten dem Druck zusammen stand. Die Firma konzentrierte sich
darauf, bestmöglich zu arbeiten. Auch diesmal gab es kein herausra-
gendes Merkmal, das die anschließende Verbesserung erklärt.

Sicher ist, dass wir aufhörten, uns gegenseitig noch mehr Stress zu
schenken. Außerdem erkannten wir, Wirkung erzielt nur, wer am
Lebendigen operiert. Solange man sich am Modell abarbeitet, passiert in der Wirklichkeit überhaupt nichts. In anderen Firmen erlebte
Gebhard so etwas immer wieder: Wie die Führung erst einmal das
Problem analysierte, dann ein Lösungskonzept entwickelte und es
irgendwann ausrollte. Oft, wenn der tatsächliche Auslöser schon
gar keine Relevanz mehr hatte.

Dazu fehlen Heiler heute nicht nur die Vorgesetzten. Es fehlt schlicht
auch die Zeit. Sobald wir eine Ursache erkennen, kommunizieren
wir sie offen in die Belegschaft und suchen gemeinsam nach Aus-
wegen. Kein Netz, kein doppelter Boden.

Nur ein Konzept

An den fünf grundlegenden Denkmodellen, Aufklärung, Existenzanalyse, der lebensbejahenden Gesellschaft, dem Umgang mit Unvorhergesehenem und Antifragilität orientieren wir aktuell unser Tun.

Zentral für den damit verbundenen Erfolg ist die Fähigkeit der Organisation, sich mit diesen Denkarten selbst zu hinterfragen. Bei uns ist es heute so: Verstehen wir gemeinsam, egal ob gefühlt oder rational, warum wir als Gruppe denken, wie wir denken, entwickeln wir uns in eine Richtung.

Anstatt zu versuchen, sich übergreifenden Visionen, Missionen und Werten zu verschreiben, sollte eine Firma herausfinden, ob die Belegschaft dieselbe Art zu denken und zu reflektieren teilt. In der Sichtweise von Frankl bringt der Mensch die ureigene Vision vom Leben mit. Jeder von uns ist auf der Mission seiner Existenz. Und Werte kann man nicht vorschreiben, sie zeigen sich im persönlichen Handeln.

Wir raten Firmen davon ab, Zeit damit zu verlieren, solche Dinge abzustimmen und festzulegen. Wir empfehlen ihnen: *Findet heraus, ob eure Kollegen aufgrund ähnlicher Denkmodelle agieren.* Konflikte, die dort erkennbar sind, unterlaufen den ganzen Betrieb. Typischerweise unbemerkt. Sie sorgen für andauernden Stress, ohne dessen Herkunft preiszugeben.

Unsere grundlegenden Denkarten sind das Herzstück, der Kompass in unserem Handeln. Sie bestimmen, ob wir mit den richtigen Konzepten, Methoden und Tools arbeiten. Sie zeigen uns auch, ob wir als Kollegen zusammenpassen. Gebhard wurde auf einer Konferenz von einem Geschäftsführer gefragt, ob in der Liste der Denkmodelle nicht der Kapitalismus fehlte. Nach kurzem Nachdenken stellte er fest: *Der Kapitalismus verändert sich radikal, je nachdem, ob ich ihn mit einer Brille aus Kant[33] und Frankl anschaue oder mit der aus Machiavelli[34] kombiniert mit Freud[35]. So verstanden ist er ein Konzept, kein grundlegendes Denkmodell.*

Metadenken

Heute sind wir uns sicher, dass es Alternativen zur formal hierarchisch gesteuerten Firma gibt. Sie sind menschlicher und sinnvoller. Sie funktionieren über die Fähigkeit der Organisation zur erfolgreichen Betriebskatalyse. Diese beantwortet drei Kernfragen:

33   Immanuel Kant; https://de.wikipedia.org/wiki/Immanuel_Kant

33   Niccolò Machiavelli; https://de.wikipedia.org/wiki/Niccol%C3%B2_Machiavelli

35   Sigmund Freud; https://de.wikipedia.org/wiki/Sigmund_Freud

• Wer entscheidet was? Darauf antwortet das Entscheidungs-Design

• Um was geht es überhaupt? Die Antwort findet sich in der Firmen-DNA

• Wie setzen wir unsere Erkenntnisse richtig um? Das sagen uns die grundlegenden Denkmodelle.

Es ist egal, von welcher Frage man ausgeht. Auf dem Weg, alle drei zu beantworten, findet sich eine Lösung außerhalb der formal hierarchischen Anweisungs- und Kontrolllogik. Es ist gleichgültig, wann man damit anfängt. Denn es gibt keine Vorbedingung, die zu erfüllen ist, will man anders denken und danach handeln.

NIE WIEDER

ZURÜCK!

Gebhard und Stephan sitzen zusammen beim Mittag. Es ist ein sonniger Tag im Mai. Sie genießen ihr Essen im Biergarten mit Blick auf den Park. Der Berater lehnt sich in den Stuhl und schaut ins Leere.

Es ist schon seltsam. Inzwischen sehen wir auch in den Zahlen die Effekte. Die Aufwände sind deutlich gesunken. Die Reklamationen gehen runter. Praktisch alle Mitarbeiter nehmen mit klugen Vorschlägen aktiv auf die Firma Einfluss. Ich fand es zum Beispiel super, dass sie von sich aus die Öffnungszeiten verlängert haben. Die meisten neuen Kolleginnen und Kollegen fügen sich toll in die Teams ein. Stimmt es mal nicht, geht die Entscheidung schnell und verantwortungsvoll. Trotzdem traue ich dem Frieden nicht.

Stephan kaut zu Ende und trinkt einen Schluck.

Na ja, wir sind ja auch keineswegs über den Berg. Wir brauchen schon ein paar Jahre mit einem ordentlichen Gewinn. Außerdem steht der Umzug an und das neue Softwaresystem kommt. Ich hab erfahren, dass wir auch die Telefonanlage ersetzen müssen. Dann das digitale Aufmaß. Überhaupt die Weiterentwicklung des Reportings. Am Ende noch die offenen Baustellen in der Firmen-DNA, Rollenstruktur und so. Langweilig wird uns nicht so schnell.

Beide widmen sich wieder ihrem Essen. Dann meint Gebhard:

Klar, aber das alles machen wir ja zusammen. Die Zeiten, in denen solche Themen allein in der Führungsetage ausbaldowert wurden, sind vorbei. Wir gehen inzwischen mit den Punkten direkt zu den Leuten. Sie bekommen praktisch ungefiltert auch die strategischen Fragen vorgesetzt. Dadurch verteilt sich ein Großteil der Last der Geschäftsleitung über die Belegschaft. Das ist schon brutal konsequent.

Stephan nickt und feixt.

Stimmt schon. Jetzt müssen wir nur noch den Berater loswerden, dann ist alles im Lack.

Ermöglicht

Sie können dieses Buch lesen, weil es von vielen Menschen mitgetragen wird. Herzlichen Dank ...

allen Mitarbeitern, die den Weg mitgehen und immer wieder eigene Gründe finden, dabeizubleiben.

unseren Familien, die hinter uns stehen. Oft bleibt ihnen nichts weiter, als unser Engagement zu akzeptieren. In Anbetracht dessen, dass unser Leben und Arbeiten neben dem Schreiben her ganz normal weiterläuft, verlangt das einiges an Toleranz. Sie mögen uns dafür, dass wir einigermaßen schräge Vögel sind. Das können wir ihnen kaum hoch genug anrechnen.

den Sparringspartnern, die uns zuhören, unsere Ideen konstruktiv skeptisch hinterfragen und sich für unser Tun begeistern.

an unzählige Vordenker, die sich grundsätzlich mit der Lösung von komplexen Fragestellungen beschäftigen. Ihre Bücher, Videos, Podcasts, Blogs und so weiter helfen uns an vielen Stellen, an denen es uns so vorkommt, mit dem eigenen Latein am Ende zu sein.

den Mitmachern, gerade denen außerhalb von Heiler. Wir treffen euch auf Konferenzen wie dem Enjoy Work Camp, bei der Perspektivreise, bei Vorträgen, an Kaminabenden etc. Ohne euer Interesse, euren Zuspruch, kurz ohne euch, hätten wir vermutlich schon längst aufgegeben.

an die Leser, ohne Sie ist Buchschreiben kaum das Papier wert, auf das es gedruckt wird.

Befeuert

Der Humus, auf dem eine Geschichte, wie die unsere, wächst, ist die Arbeit von vielen. Sie beschäftigen sich mit menschlichen Besonderheiten und Parallelen. Sie denken grundlegend über die Welt nach. Sie untersuchen Glaubenssätze auf Wahrheiten. Sie entwickeln Konzepte wie Methoden, die Zusammenarbeit/ -leben verbessern. Ihre Gedanken schreiben sie in Bücher. Sie verfassen Podcasts. Sie sprechen bei TEDx. Sie geben Interviews, die man bei Facebook, Google, Youtube, Vimeo, auf ihren Blogs etc. schauen kann. Wir betreiben keine Wissenschaft, wir organisieren Wirtschaft. Deshalb bleiben die Quellenhinweise gewiss hinter den Erwartungen von Lehrstühlen wie Prüfungsausschüssen zurück. Nachfolgend dennoch eine Liste von Fundgruben, ohne die unser Weg zumindest steiniger, wenn nicht sogar unmöglich wäre. Wir erheben keinen Anspruch auf Vollständigkeit, und das sollten Sie auch vermeiden.

Quellenverzeichnis

Artikel

Ariely D., Gneezy U., Lowenstein G., Mazar N., November 2008. Working Paper No. 05–11. NY Times.

Coase, R.H.; 1937. The Nature of the Firm. Economia, New Series, 4 (16), p. 386–405.

Dimitroff, Robert D.; Lo Ann Schmidt, Timothy D. Bond, 2005. Organizational Behaviour and Desaster: A study of conflict at NASA. Project Management Journal, 36 (2), p. 28–38.

Höge T., Schnell T. 2012. Kein Arbeitsengagement ohne Sinnerfüllung. Eine Studie zum Zusammenhang von Work Engagement, Sinnerfüllung und Tätigkeitsmerkmalen. Wirtschaftspsychologie Heft 1. p. 91–99 ➤ Seite 212

Müller, Susan; 2009. Soziale Marktwirtschaft. brandeins, 11 (11), p. 8.

Nervenheilkunde, 2007. Geld macht Einsam. Nervenheilkunde, 26 p. 119–124.

Niederberger, Lukas; 2009. Strategieumsetzung - die Praktikersicht. Organisationsentwicklung, 1 (10), p. 15.

Rust, Holger; 2009. Was die Manager von Morgen wollen. Harvard Business Manager, 10 (9), p. 7.

Bücher

Aldrin, B., 2009. Magnificent Desolation: The Long Journey Home from the Moon. 1st Edition ed. Bloomsbury Publishing PLC.

Ariely, D., 2008. Denken hilft zwar, nützt aber nichts: Warum wir immer wieder unvernünftige Entscheidungen treffen. Droemer Knaur.

Argyris C., 1999. Flawed Advice and the Management Trap. Oxford Univ Pr

Bauer, J., 2006. Warum ich fühle, was du fühlst: Intuitive Kommunikation und das Geheimnis der Spiegelneurone. Heyne Verlag.

Baumann-Habersack F., 2015. Mit neuer Autorität in Führung: Warum wir heute präsenter, beharrlicher und vernetzter führen müssen. Springer Gabler

Borck, G., 2011. Affenmärchen, Arbeit frei von Lack und Leder. Edition sinnvoll wirtschaften

Braverman, H. & Ferreira, K. d. S., 1977. Die Arbeit im modernen Produktions-prozess. Campus.

Beck D. E., Cowan C., 2005, Spiral Dynamics: Mastering Values, Leadership and Change, Wiley-Blackwell

Breithaupt, F., 2010. Kulturen der Empathie. 1. Aufl. ed. Frankfurt am Main: Suhr-kamp Verlag Kg.

Botta C., Reinold D., Schloß B., 2018. Business Visualisierung: Ein Reiseführer für Neugierige und Visionäre. mind.any Verlag

Chouinard, Y., 2009. Lass die Mitarbeiter surfen gehen: Die Erfolgsgeschichte eines eigenwilligen Unternehmers. Redline Wirtschaft.

Cokins, G., 2001. Activity-Based Cost Management: An Executive's Guide. Wiley.

Damasio, A. R., 2004. Descartes' Irrtum: Fühlen, Denken und das menschliche Gehirn. Ullstein Taschenbuchvlg.

Dreyfus, H. L. & Dreyfus, S. E., 2000. Mind Over Machine: The Power of Human Intuition and Expertise in the Era of the Computer. Simon and Schuster.

Dunbar, R., 2000. Klatsch und Tratsch. Warum Frauen die Sprache erfanden. Goldmann. ➤Seite 71

Fonagy P., Gergely G., Jurist E.L., Target M., Vorspohl E., 2017. Affektregulierung, Mentalisierung und die Entwicklung des Selbst. Klett-Cotta

Frankl, V. E., 1998. Trotzdem Ja zum Leben sagen.: Ein Psychologe erlebt das Kon-zentrationslager. DTV Deutscher Taschenbuch Verlag. ➤Seite 178, 270, 279

Frankl, V. E., 1985. Der Mensch vor der Frage nach dem Sinn: Eine Auswahl aus dem Gesamtwerk. Piper Verlag Gmbh.

Fripp Patricia, 1998. Get What You Want!, Selbstverlag

Fromm, E., 2005. Haben oder Sein: Die seelischen Grundlagen einer neuen Ge-sellschaft. Taschenbuch ed. Germany: Deutscher Taschenbuch Verlag, p. 272. ➤Seite 272

Hamel, G., 2007. The Future of Management. Harvard Business School Press.

Hammel-Kiesow, R., 2008. Die Hanse. Beck C. H.

Handy C. 1998. Die anständige Gesellschaft. C. Bertelsmann

Harari, Y. N., 2017. Homo Deus: Eine Geschichte von Morgen. C.H.Beck; Auflage: 12

Hasler F., 2013. Neuromythologie: Eine Streitschrift gegen die Deutungsmacht der Hirnforschung. Transcript

Hausmann, M. 2014. UZMO Denken mit Stift. 2. Auflage. Redline Verlag

Hipp, C., 2008. Die Freiheit, es anders zu machen: Mein Leben, meine Werte, mein Denken. München: Pattloch Verlag Gmbh + Co.

Huber, H., 2004. Sinnvoll erfolgreich: Sich selbst und andere führen. Rowohlt Taschenbuch Verlag.

Johnson, H. & Broms, A., 2000. Profit Beyond Measure: Extraordinary Results Through Attention to Work and People. New York: Prentice Hall & IBD.

Kahneman, D. 2016. Schnelles Denken, langsames Denken. Penguin Verlag ➢Seite 178

Kahney, L., 2008. Steve Jobs' kleines Weißbuch: Die bahnbrechenden Managementprinzipien eines Revolutionärs. Finanzbuch Verlag Gmbh.

Kay, W., 2005. Defining NASA: The Historical Debate Over the Agency's Mission. Albany: State University of New York Press.

Kermani, N., 2009. Wer ist wir?: Deutschland und seine Muslime. Beck C. H.

Lotter, D. & Braun, J., 2010. Der CSR-Manager - Unternehmensverantwortung in der Praxis. Al-Top Verlags- U. Vertri.

Machiavelli, Niccolò, 1514. Der Fürst. insel taschenbuch ➢Seite 281

Maister, David, 2003. Managing the Professional Service Firm. Simon & Schuster

Mann, T., 2007. An Art, Science, Skill or All Three?: Build Your Expertise in Facilitation. Resource Productions ➢Seite 102

Mcgregor, D., 1985. The Human Side of Enterprise: 25th Anniversary Printing. Special edition ed. New York: McGraw-Hill Higher Education.

Müller, Uwe Renald; 1997. Machtwechsel im Management. Hardcover ed. Haufe Verlagsgruppe Sachbuch. ➢Seite 272

Nitschke, P., 2012. Bildsprache Formen und Figuren in Grund- und Aufbauwortschatz. managerSeminare Verlags GmbH

Oltmanns, T. & Nemeyer, D., 2010. Machtfrage Change: Warum Veränderungsprojekte meist auf Führungsebene scheitern und wie Sie es besser machen. Campus Verlag Gmbh.

Pfläging, N., 2003. Beyond Budgeting. Better Budgeting. Haufe Mediengruppe.

Pfläging, N., 2008. Führen mit flexiblen Zielen: Beyond Budgeting in der Praxis. Campus Verlag Gmbh. ➢Seite 57

Pflüger, G., 2009. Erfolg ohne Chef: Wie Arbeit aussieht, die sich Mitarbeiter wünschen. 1 ed. Germany: Econ Verlag.

Rizzolatti, G. & Sinigaglia, C., 2009. Empathie und Spiegelneurone: Die biologische Basis des Mitgefühls. Suhrkamp Verlag Gmbh.

Semler, R., 2004. The Seven-Day Weekend: A Better Way to Work in the 21st Century. New edition ed. Random House Business.

Semler, R., 2001. Maverick!: The Success Story Behind the World's Most Unusual Workplace. Reissue ed. Random House Business.

Sennet, R., 1998: Der flexible Mensch. Die Kultur des neuen Kapitalismus. Berlin Verlage 1. Auflage

Sennewald, Immo; 2006. Der Menschliche Kosmos. 1. Auflage ed. Germany: Salier Verlag.

Smith, A., 2003. The Wealth of Nations: Books I-III. New Ed ed. Penguin Classics.

Surowiecki, J., 2007. Die Weisheit der Vielen: Warum Gruppen klüger sind als Einzelne. 4. Auflage (November 2008) ed. Goldmann Verlag, p. 127. ➢Seite 138

Taleb, N. N., 2008. Der Schwarze Schwan: Die Macht höchst unwahrscheinlicher Ereignisse. Hanser Fachbuchverlag.

Taleb, N. N., 2012. Der Schwarze Schwan: Konsequenzen aus der Krise. dtv Verlagsgesellschaft ➢Seite 274

Taleb, N. N., 2014. Antifragilität: Anleitung für eine Welt, die wir nicht verstehen. btb Verlag

Wallander, Jan; 2003. Decentralisation - Why and How to Make it Work - The Handelsbanken Way. Hardcover ed. Sweden: SNS Förlag,

Weiss, Alan, 2009. Million Dollar Consulting. McGraw Hill

Wüterich, Hans A., 2006. Musterbrecher. Gabler

Zeuch, Dr. Andreas, 2007. Management von Nichtwissen in Unternehmen. gebundene Ausgabe ed. Germany: Auer-System-Verlag - Carl-Auer-Systeme

Zeuch, A., 2010. Feel It!: So Viel Intuition verträgt Ihr Unternehmen; Germany: Wiley VCH

Zeuch, A., 2015. Alle Macht für niemand. Aufbruch der Unternehmensdemokraten. Murmann Publishers GmbH; Auflage: 1 ➢Seite 138

Film

Crichton, Michael;1993. Jurassic Park [DVD]. Germany: Sony Pictures Home Entertainment.

Studien / Wissenschaftliche Arbeiten

Gallup, 2016. Gallup Engagement Index. [Webseite]. Web-Adresse: http://eu. gallup.com/berlin/118645/gallup-engagement-index.aspx [recherchiert 19. Mai 2018]

Knabe, Andreas; Rätzel, Steffen; Schöb Ronnie; Weimann Joachim; 2009. Dissatisfied with life, but having a good day: time-use and well-being of the unemployed. [http://www.fww.ovgu.de/fww_media/femm/femm_2009/2009_11.pdf], March

Lawlor, Ellis; Kersley, Helen; and Steed, Susan 2009. A bit rich - the real value of Work. [www. neweconomics.org]. The new economics foundation, 1 (ISBN 978 1 904882 69 5), December. Web-Adresse: http://www.neweconomics.org/sites/neweconomics.org/files/A_BitR_ich.pdf [recherchiert 29. Januar 2010].

Marmot, Michael; 1967/ 1985/ ongoing. Whitehall Study. [Website]. Web-Adresse: http://en.wikipedia.org/wiki/Whitehall_Study [recherchiert 25.03.2010]

Pfeiffer-Gerschel, Tim; 2007. Nürnberger Bündnisses gegen Derpression. Doktorgrad der Humanbiologie Ludwig-Maximilians-Universität zu München.

Weinert, Tim; 2017. Mehr Sinn in der Arbeit durch demokratische Personalprozesse? Untersuchung der Auswirkungen von demokratischen Personalprozessen auf den Sinn in der Arbeit. Masterarbeit im MBA Sustainability Management. Centre for Sustainability Management (CSM) Leuphana Universität Lüneburg

Web

Bundestag, Grundgesetzt vom 23. Mai 1949. (c.1) http://www.bundestag.de/dokumente/rechtsgrundlagen/grundgesetz/index.html: Der deutsche Bundestag.

Deutsche Gewerkschaftsbund, 2018. DGB Index Gute Arbeit. [Website]. Available from: http://www.dgb-index-gute-arbeit.de/gute_arbeit [accessed 19. Mai 2018]

Institut der deutschen Wirtschaft in Köln, 2009. Vom Habenichts zum Billionär. [Artikel]. http://www.iwkoeln.de, (21). Web-Adresse: http://www.iwkoeln.de/tabID/2430/ItemID/23319/language/de-DE/Default.aspx [recherchiert 05.02.2010].

Kathleen Voh, social psychology. [Website]. Web-Adresse: http://vohs.socialpsychology.org/ [recherchiert 09.03.2010]

Pink, Daniel; 2009. The surprising science of motivation. [Video]. Available from: http://www.youtube.com/watch?v=rrkrvAUbU9Y [accessed 22. Februar 2011]

Satoshi Nakamoto Institute, 2008, Bitcoin: A Peer-to-Peer Electronic Cash System. Web-adresse:

http://nakamotoinstitute.org/bitcoin/#selection-7.4-9.39
[recherchiert 14.04.2017]

Staat, Arbeitsmarkt und Bevölkerung. [Webportal]. Web-Adresse: http://www.destatis.de/jetspeed/portal/cms/ [recherchiert 16.02.2010]

Wikipedia, 2011. Großgruppenmoderation. [Website]. Web-Adresse: http://de.wikipedia.org/wiki/Gro%C3%9Fgruppenmoderation [recherchiert 22. Februar 2011]

Wikipedia, 18. Februar 2011. Externer Effek. [Website]. Web-Adresse: http://de.wikipedia.org/wiki/Externe_Effekte [recherchiert 22. Februar 2011]

Wikipedia, 05. Februar 2011. Prinzipal-Agent-Theorie. [Website]. Web-Adresse: http://de.wikipedia.org/wiki/Prinzipal-Agent-Theorie [recherchiert 22. Februar 2011]

Wikipedia, 2009. Transfomationsproblem der Arbeit. [Webseite]. Web-Adresse: http://de.wikipedia.org/wiki/Transformationsproblem_der_Arbeit [recherchiert 29.05]

Gerhard Wohland – Zentrum und Peripherie – Kollaps der Steuerung (http://dynamikrobust.com/denkwerkzeuge/)

Index

Zwei Köpfe – eine gemeinsame Idee. Als sich Unternehmer Stephan Heiler und Katalysator Gebhard Borck vor mehreren Jahren das erste Mal begegneten, wurde beiden schnell klar: Mit vereinten Kräften und ihrer Sehnsucht nach einer Unternehmenslandschaft ohne gängelnde Anweisungen wollen sie mit der Alois Heiler GmbH – damals noch unter der Geschäftsleitung von Heiler senior – den herausfordernden Marktbedingungen begegnen. Gesagt, getan: Stephan Heiler und Gebhard Borck leiteten zusammen ein Vorhaben ein, das die Zukunftsfähigkeit des Unternehmens sichert. Und das führungslos.

Das Autorenduo weiß, dass Menschen gute Entscheidungen mit Weitblick selten alleine treffen. Weder im Privatleben noch im Unternehmen. Denn beständige Entwicklung geschieht nur dann, wenn sich alle aktiv an ihr beteiligen. Heiler und Borck sind überzeugt: Der klassisch hierarchische, einseitige Entscheidungsweg von oben hat in der modernen Unternehmenslandschaft ausgedient. Er bringt keinen Erfolg mehr.

Deshalb lautet ihre Philosophie: Nur Belegschaften, die eigenverantwortlich und unermüdlich zusammen an der Unternehmensentwicklung arbeiten, sichern sinnvoll ihre Zukunft und die Konkurrenzfähigkeit. Diese Philosophie stellen sie tagtäglich in der Praxis unter Beweis – in der Alois Heiler GmbH wie auch in den Vorhaben der GB Kommunikation GmbH.

Über ein offenes Gespräch mit UnternehmerInnen freuen wir uns. Das geht mit jedem von uns persönlich (siehe unten) oder auch im Doppelpack.

Gerne tauschen wir uns bei einem gemeinsamen Mittagessen und/oder Ge(h)spräch aus.

Stephan Heiler: chef-sein@heiler-glas.de

Gebhard Borck: https://chef-sein.youcanbook.me

PERSÖNLICHER AUSTAUSCH?

Geben Sie Ihren Teilnehmern die Chance, ehrlich darüber zu reden, was in der Praxis möglich und was nur Theorie ist. Zusammen sprechen wir über die Reise und geben dem Publikum gern den Raum für Fragen.

Stephan gibt einen Impuls mit anschließender Ask-Me-Anything-Runde.

Gebhard hält als Impro-Keynote genau den Vortrag, den sich Ihr Publikum wünscht (www.impro-keynote.de).

Stephan Heiler: sh@heiler-glas.de

Gebhard Borck: direkt@gebhardborck.de

DIE ZUKUNFT DER ARBEIT AUF IHREM EVENT

Zuhören oder darüber sprechen ist eine Sache. Eine ganz andere ist es, selbst loszulegen. Sie wollen wissen, auf was sich Ihr Unternehmen einlässt, wenn es die Klugheit der Mitarbeiter für sich erschließen möchte?

Gehen Sie auf Perspektivreise!

www.perspektivreise.de